电池储能与清洁能源消纳

葛维春　滕　云　葛延峰
王顺江　李家珏　回　茜　编著

科学出版社
北京

内 容 简 介

本书主要分析全钒液流电池的工作机理和技术特点,建立全钒液流电池模型;阐述全钒液流电池并网后的功能:平抑风电功率波动、优化电网峰谷差、提高电网安全稳定运行水平等,并介绍全钒液流电池储能系统与电网多能源协调调度技术;介绍全钒液流电池储能系统的效益分析与辅助服务机制,并给出全钒液流电池与风电联合运行系统示范工程实例。

本书可作为电力系统、新能源消纳及相关专业的参考用书,还可供从事电力系统工作的工程技术人员参考,对电网中的全钒液流电池储能系统的建设规划、优化运行等也具有指导意义。

图书在版编目(CIP)数据

电池储能与清洁能源消纳/葛维春等编著. —北京:科学出版社,2019.3
ISBN 978-7-03-059943-8

Ⅰ.①电… Ⅱ.①葛… Ⅲ.①电池-储能-研究 Ⅳ.①TM911

中国版本图书馆 CIP 数据核字(2018)第 269483 号

责任编辑:刘宝莉 / 责任校对:郭瑞芝
责任印制:吴兆东/ 封面设计:陈 敬

科 学 出 版 社 出版
北京东黄城根北街 16 号
邮政编码:100717
http://www.sciencep.com

北京九州迅驰传媒文化有限公司 印刷
科学出版社发行 各地新华书店经销
*
2019 年 3 月第 一 版 开本:720×1000 1/16
2022 年 1 月第四次印刷 印张:12 1/2
字数:252 000
定价:98.00 元
(如有印装质量问题,我社负责调换)

前　　言

随着动力电池技术的快速发展,电池储能技术的研究越来越受到能源、交通、国防等领域的重视。能源领域中储能技术的大规模应用将对现代能源生产、输送、分配和消费的所有环节产生深远的影响,有效推动我国可再生能源和能源互联网战略的实施。在多种能源接入后的电力系统中,电池储能能够在电网运行与控制的众多方面发挥作用,如调节电网功率平衡、平抑可再生能源发电功率波动、调节电网峰谷差、改善电网电能质量、提高电网稳定性及电网灵活性等。

电池储能技术是调节电能瞬时平衡的重要手段。电力系统中的电能生产与消费之间必须保持瞬时平衡,否则将出现用电负荷不能正常运行、供电系统不稳定等异常和事故。各种形式的电池储能电站在电网负荷低谷时从电网吸收电能,在电网负荷峰值时向电网输出电能。将电池储能装置用于电力调峰,所需装置应具有较大的存储容量。电池储能技术也是调节以风电为代表的大规模可再生能源发电接入电网后的消纳能力的重要手段。作为一种高效的功率控制手段,可以通过将储能系统从电网侧进行协调调度以提高电网对风电的接纳能力,并能够同时提高系统的稳定性,改善电网频率、电压甚至波形质量,进而大幅度提高可再生资源的利用水平和利用效率。电池储能技术是辅助和提升电网黑启动能力的重要手段。在电网进行黑启动过程中,电池储能能够快速稳定地为电网提供电力支持。合理的电池储能容量、地点、荷电状态,可以为电网中的火电机组、水电机组和清洁能源发电系统提供有效的电源支持,是实现和加快电网大停电事故恢复的重要保障。

电力系统中应用的大容量储能电池主要包括全钒液流电池、锂离子电池、钠硫电池和铅酸电池等。全钒液流电池具有设计灵活、使用寿命长、充放电性能好、选址自由、低温快速启动性好、检修维护费用低及易实现规模化蓄电等其他常规电池所不具备的诸多优点。虽然全钒液流电池技术的研究开发历史比较短,但在我国的工程应用中发展迅速,具有较大的发展空间。

近年来,国内储能相关理论与技术研究、大容量工程系统开发与应用规模发展较快,但缺少全面地对电网中应用全钒液流电池储能系统进行研究分析的著作。本书以全钒液流电池性能及其对清洁能源消纳为核心,尽可能兼顾全钒液流电池储能技术在电网中应用的理论、技术和工程等多方面的内容,并为电网中的全钒液流电池储能系统的技术改造、建设规划、优化运行等提供理论与技术指导。

全书共9章。第1章对几种常用电化学储能电池的主要性能进行总结对比;第2章介绍电池储能技术指标和运行状态评估体系;第3章基于全钒液流电池储能模型得出全钒液流电池并网技术要求,并介绍全钒液流电池的低温启动特性、充放电特性等;第4章介绍全钒液流电池储能系统并网时可参与平抑风电功率波动、优化电网峰谷差和优化电网频率;第5章介绍全钒液流电池储能系统提高电网黑启动能力;第6章介绍全钒液流电池储能系统的无功输出特性、电池储能调压能力分析、电池储能提高小扰动稳定性以及电池储能提高系统的暂态稳定性;第7章主要介绍全钒液流电池储能系统的运行优化方法、含风储混合系统的机组组合优化、电池储能自动运行控制以及电网多能源协调运行控制;第8章介绍全钒液流电池储能系统的效益分析与辅助服务机制;第9章给出大连液流电池储能调峰电站示范工程和卧牛石风电场储能示范工程实例。

本书是葛维春教授及其研究团队多年来在电池储能技术与清洁能源消纳领域相关研究成果的结晶。葛维春教授一直从事清洁能源高效高质量消纳理论与技术研究,在清洁能源发电并网、多能源电力系统运行优化、高比例可再生能源电网稳定性等方面取得了一系列研究成果。本书第1章由葛延峰撰写,第2章由王顺江撰写,第3～6章由葛维春撰写,第7、8章由滕云撰写,第9章由李家珏和回茜撰写,全书由葛维春统稿。

本书的撰写得到了沈阳工业大学、国网辽宁省电力有限公司、国网内蒙古东部电力有限公司的支持,以及国网辽宁省电力有限公司科技项目(2018YF-06)的资助。

由于编者水平有限,本书难免存在不妥之处,敬请读者批评指正。

目　　录

第1章　电池储能概述

为有效应对化石能源过度消耗与生态环境恶化所导致的能源和环境问题,许多国家都在积极寻找能够替代传统能源的新能源,如风能、太阳能与生物质能等。然而在实际工程中,电能的生产、输送、消费流程中的连续性会造成能源利用过程中的瓶颈,如在用电低谷时风电产能过剩导致的"弃风"现象,将严重阻碍能源产业的发展。对中国这样一个能源生产和消费大国来说,储能产业的兴起,不仅有望解决能源储存的问题,也能在一定程度上起到削峰填谷的作用。因此,大力发展储能产业,既是社会节能减排的要求,也是能源支撑国民经济发展的需要。

随着各种类型电能存储技术的不断发展,考虑到电网应对大规模风电接入的需要,可以将大容量储能系统引入电力系统中。储能系统作为一种行之有效的功率控制手段,可以从电源侧提高风电的接入品质,而且可以通过广域协调调度提高电网侧对风电的接纳能力,具有广阔的应用前景[1]。

在储能技术快速发展的同时,利用大规模储能装置参与电网调频备受关注。基于系统调频响应时间与储能装置响应时间的比较可知,适合的储能类型有电池(如铅酸电池、锂离子电池、液流电池和钠硫电池)、超级电容、飞轮储能和抽水蓄能等[2]。国内以张北国家风光储输示范工程、深圳宝清电池储能电站和北京石景山热电厂锂离子电池储能调频系统等大容量储能示范工程为代表。

现阶段储能系统的成本较高,如果只是简单从技术控制层面考虑利用储能参与调频,可能会引起储能系统利用不充分、经济性欠佳等问题,造成资源浪费。因此,需要针对各储能装置的特性,构建适用于系统调频的储能装置数学模型,并建立储能装置能量管理模型,实现储能装置的合理规划与协调运行,最大程度利用储能装置满足系统调频性能和经济性要求。风电具有强波动性和不确定性,随着风电渗透率的增加,风电并网给电网的规划、运行、保护、调度等方面带来了严峻的挑战,同时目前风力发电机组对电网不表现惯性,使得电网调频压力尤为突出,在一定程度上严重影响风电并网并导致弃风现象的发生。因此,为突破间歇式电源并网瓶颈并改善电网频率指标,有必要引入新的辅助调频手段,而储能的快速响应特性使其在参与电网调频方面具有优势。

本章将对铅酸电池、锂离子电池、钠硫电池、液流电池等几种储能电池的反应原理、电池模型进行简单介绍,对几种储能电池的主要性能进行总结对比,并对寒冷地区储能电池的特殊性进行介绍。

1.1　几种电化学储能电池介绍

目前,储能产业受到前所未有的高度关注,应用储能技术可以实现:①电网系统削峰填谷,解决供电和用电矛盾;②提高电网系统的可靠性和安全性,减少备用电源需求及停电损失[3];③作为用户侧辅助电源,提高电能质量和供电稳定性,保障电网安全、稳定运行;④作为分布式发电及微电网的关键技术,稳定系统输出、作为备用电源、提高调度灵活性、降低运行成本、减少用户电费。储能技术的发展应用将对现代化的能源生产、输送、分配和利用产生深远的影响和发挥重要的作用。

从广义上讲,储能即能量存储,即通过一种介质或者设备,把一种能量形式用同一种能量形式或者转换成另一种能量形式存储起来,基于未来应用需要以特定能量形式释放出来的循环过程。从狭义上讲,储能技术是针对电能进行存储的技术,是利用化学或物理的方法将产生的电能储存起来的技术措施。根据所转化的能源类型不同,目前主要的电能储存形式可分为机械储能(如抽水蓄能、压缩空气储能、飞轮储能等)、电化学储能(如铅酸电池、锂离子电池、镍氢电池、钠硫电池、液流电池等)、化学储能(如电解、燃料电池等)、电磁储能(如超导电磁储能、超级电容等)和相变储能(储热、储冷、采用相变材料和热化学材料储能)等。

在目前已经获得实际应用或者第三方测试验证的各种大规模储能技术中,抽水蓄能和压缩空气储能相对成熟,适合 100MW 以上级别的储能系统;钠硫电池、全钒液流电池、锂离子电池、超级铅酸电池和飞轮储能已经开始运用于兆瓦级别的应用中,而在百千瓦及以下级别的应用中,大多数储能技术都能够满足需求。近年来,储能技术已经发展成为未来智能电网的必要组成部分。

《能源发展“十三五”规划》中指出,能源发展的主要任务就是实施多能互补集成优化工程,加强终端供能系统统筹规划和一体化建设;利用大型综合能源基地风能、太阳能、水能、煤炭、天然气等资源组合优势,推进风光水火储多能互补工程建设运行;实施电能替代工程,在新能源富集地区利用低谷富余电实施储能供暖,提高能源利用效率,减少煤炭消耗,改善空气质量。

综上所述,储能产业有着十分广阔的发展前景,符合国家节能减排的产业政策和生态文明发展的总体要求。研究储能技术路线,构建储能技术评价指标体系,重点关注储热技术发展,为储能及储热产业的发展提供技术支持,对推进能源行业供给侧结构性改革具有重要的指导意义。

目前,电化学储能技术繁多,可灵活选择安装地点,受到了电力系统行业的广泛关注。铅酸电池具有放电时电动势较稳定,工作电压平稳、使用温度及使用电流范围宽、能充放电数百个循环、储存性能好、造价低的特点。锂离子电池具有工作电压高、储能密度高、充放电效率高、循环寿命长、无污染等特点。钠硫电池属于中温绿色二次电池,具有容量大、体积小、能量储存和转换效率高、寿命长、不受地域限制等优点,非常适合电力储能。

液流电池是一种大容量电池储能装置,储能功率已达到兆瓦级水平。液流电池主要包括全钒液流电池、锌/溴液流电池和多硫化钠/溴液流电池。其中全钒液流电池系统组装设计灵活、易于模块组合、响应速度高、输出功率高、使用寿命长、循环寿命高、环境友好,因此各国都将其作为重点开发的一种电池储能技术。

当前,电化学储能在世界范围内建成了不同电池储能技术的应用示范工程[4],如表 1.1 所示。

表 1.1　电池储能电站示范工程

建成时间	电池类型	国家	容量	研发单位	用途
2006	全钒液流电池	加拿大	2MW/12MW·h	加拿大 VRB 公司	风储联合发电
2011	锂离子电池	中国	6MW/36MW·h	比亚迪股份公司、中航锂电有限公司等	分布式储能研究
2012	全钒液流电池	中国	5MW/10MW·h	大连融科储能技术发展有限公司	新能源消纳以及调峰调频

1.1.1　铅酸电池简介

法国人普兰特于 1859 年发明了铅酸电池,经过一百多年的发展,铅酸电池在理论研究、产品种类、电气性能等方面都得到了长足的进步,无论是在交通、通信、电力、军事还是在航海、航空等领域,铅酸电池都起到了不可或缺的作用。根据铅酸电池结构与用途的区别,将铅酸电池分为四大类:启动用铅酸电池、动力用铅酸电池、固定型阀控密封式铅酸电池以及其他类,包括小型阀控密封式铅酸电池、矿灯用铅酸电池等。

铅酸电池主要由极板、隔板、电解液、外壳构成。极板是蓄电池的核心部分,形状大多呈长方形。工厂先将铅卷冲压成网状的格栅,再在格栅上涂上俗称"铅膏"的活性物质。正极涂二氧化铅,负极涂海绵状纯铅,蓄电池的充放电就是依靠极板上的活性物质与电解液中硫酸的化学反应来实现的。通常整个蓄电池包含 6 个极板组,每个极板组由数片正负极板组成,负极板数量比正极板多一片,使每片正极板都处于两片负极板之间,使得两边电极板放电均匀。隔板使用绝缘材料,放在相邻的正、负极板之间,防止正、负极板接触发生短路,市面上一般采用塑料隔板,极板沉浸在电解液中,与电解液产生化学反应。电解液用纯硫酸与纯蒸馏水按一定比例混合而成,一般工业用的硫酸与自来水不能用作电解液,否则会损坏极板。

在铅酸电池中,正极板为二氧化铅,负极板为铅,电解液为硫酸溶液。将其正、负极板插入电解液中,正、负极板与电解液相互作用,在正、负极板间就会产生约 2.1V 的电势。电池在完成充电后,正极板为二氧化铅,负极板为海绵状铅。放电后,在两极板上都产生细小而松软的硫酸铅,充电后又恢复为原来物质。铅酸电池在充电和放电过程中的可逆反应理论比较复杂,目前公认的是"双硫酸化理论"。该理论的含义是:铅酸电池在放电后,正、负电极的有效物质和硫酸发生反应,均转变为硫酸化合物(硫酸铅),充电时又会转化为原来的铅和二氧化铅。其具体的化学反应方程式为

(1) 正极反应:

$$2PbO_2 + 2H_2SO_4 \longrightarrow 2PbSO_4 + O_2 \uparrow + 2H_2O$$

(2) 负极反应:

$$Pb + H_2SO_4 \longrightarrow PbSO_4 + H_2 \uparrow$$

(3) 总反应:

$$2PbO_2 + 3H_2SO_4 + Pb \longrightarrow 3PbSO_4 + 2H_2O + O_2 \uparrow + H_2 \uparrow$$

从以上的化学反应方程式中可以看出,铅酸电池在放电时,正极的活性物质二氧化铅和负极的活性物质铅都与硫酸电解液反应,生成硫酸铅,在电化学上把这种反应称为"双硫酸盐化反应"。在蓄电池放电刚结束时,正、负极活

性物质转化成的硫酸铅是一种结构疏松、晶体细密的物质,活性程度非常高。在蓄电池充电过程中,正、负极疏松细密的硫酸铅在外界充电电流的作用下会重新变成二氧化铅和铅,蓄电池又处于充足电的状态。

铅酸电池采用均衡充电和浮充充电两种充电方式来保证电池的放电时间和使用寿命。均衡充电的特点是恒流,目的是快速补充电能,同时当个别蓄电池电压有偏差时,可消除偏差,趋于平衡。这种充电方式普遍用于汽车点火系统或蓄电池频繁放电的工作模式。为了平衡蓄电池自放电造成的容量损耗,需要对蓄电池进行一种连续的、长时间的恒电压充电,这种充电模式就是浮充充电。目前,通信电源和大功率不间断电源的充电系统基本具备均充转浮充功能和温度补偿功能,可很好地保护蓄电池。铅酸电池的缺点是比能量(单位重量所蓄电能)小,十分笨重,对环境腐蚀性强,循环使用寿命短,自放电大,不易过放电。

1.1.2　锂离子电池简介

锂离子电池是近年来兴起的新型高能量二次电池。该电池可重复充电的特性,使其迅速成为移动电话、笔记本电脑等便携式电子设备的原动力。同时也让这些电子设备的重量和体积明显减小,使用时间相应延长。

锂离子电池实际上是一种锂离子浓差电池,正、负电极由两种不同的锂离子嵌入化合物组成。其正极材料必须有能够接纳锂离子的位置和扩散路径,目前应用性能较好的正极材料是具有高插入电位的层状结构的过渡金属氧化物和锂的化合物,如 Li_xCoO_2、Li_xNiO_2 以及尖晶石结构的 $LiMn_2O_4$ 等,这些正极材料的插锂电位都可以达到 $4V$ 以上。负极材料一般用锂碳层间化合物 Li_xC,其电解质一般采用溶解有锂盐 $LiPF$、$LiAsF$ 的有机溶液。典型的锂离子蓄电池体系由碳负极(焦炭、石墨)、正极钴酸锂(Li_xCoO_2)和有机电解液三部分组成[5]。

锂离子电池工作原理如图 1.1 所示,锂离子电池在充电条件下,Li^+ 从正极材料中脱嵌而出,正、负极两侧电解液出现浓度差,从高浓度侧(正极侧)通过隔膜达到低浓度侧(负极侧)并嵌入负极材料中。负极处于富锂态,正极处于贫锂态,同时电子的补偿电荷从外电路供给碳负极,保证负极的电荷平衡。放电时则相反,从负极脱嵌经电解液和隔膜嵌入正极,在正、负极之间来回移动。因此,人们又形象地把锂离子电池称为"摇椅电池"或"摇摆电池"。

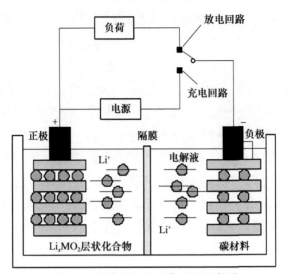

图 1.1　锂离子电池工作原理示意图

锂离子电池的电化学表达式为

（1）正极反应：

$$\mathrm{Li}_x\,\mathrm{MO}_2 \xrightarrow{\text{充电}} \mathrm{Li}_{x-y}\,\mathrm{MO}_2 + y\,\mathrm{Li}^+ + y\mathrm{e}$$

$$\mathrm{Li}_{x-y}\,\mathrm{MO}_2 + y\,\mathrm{Li}^+ + y\mathrm{e} \xrightarrow{\text{放电}} \mathrm{Li}_x\,\mathrm{MO}_2$$

（2）负极反应：

$$6\mathrm{C} + y\,\mathrm{Li}^+ + y\mathrm{e} \xrightarrow{\text{充电}} \mathrm{Li}_y\mathrm{C}_6$$

$$\mathrm{Li}_y\mathrm{C}_6 \xrightarrow{\text{放电}} 6\mathrm{C} + y\,\mathrm{Li}^+ + y\mathrm{e}$$

式中，M 为 Co、Ni 等。

由于电池储能难以采用常规物理模型对其进行详细的描述，储能系统的建模应基于其应用场景，简单的模型无法体现电池特性，过于复杂的模型又会大大增加控制策略的求解与应用的复杂度，现在系统中应用较多的建模方法是根据电池内部的动态特性和外特性表现对其进行等效电路建模。等效电路模型是通过电气元件，如电压源、电容、电阻、电感等组成电路网络模拟电池对外的暂态/稳态特性，具有建模方法简单、参数辨识容易、精度高、便于消除模型不确定性因素、易数学解析、普遍适用性强等优势，是电气工程、机械动力等领域应用最广泛的建模方法。锂离子电池等效电路模型如图 1.2 所示。

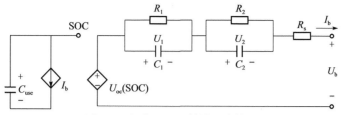

图 1.2　锂离子电池等效电路模型

图 1.2 中, U_b 为锂离子电池负载端电压, U_{oc} 为锂离子电池开路电压(open circuit voltage, OCV), 是荷电状态(state of charge, SOC)的非线性函数, 由可控电压源表示, R_s 为电池的欧姆电阻, 两个 RC 环节分别表示电池运行中的电化学极化和浓差极化过程, 相应的数学模型为

$$
\begin{cases}
U_b = U_{oc} - U_1 - U_2 - U_s \\
\dot{U}_1 = -\dfrac{1}{R_1 C_1} U_1 + \dfrac{I_b}{C_1} \\
\dot{U}_2 = -\dfrac{1}{R_2 C_2} U_2 + \dfrac{I_b}{C_2} \\
SOC = SOC(0) - \displaystyle\int_0^t \dfrac{I_b \eta}{C_{use}} \mathrm{d}t
\end{cases}
\tag{1.1}
$$

此数学模型属于二阶微分方程, 基本输入量为电流, 输出量为电池端电压, 其中初始荷电状态给定, 初始极化电压为 0, 也可由输出功率得到相应的电流、电压。

模型的验证如下: 基于所建立的数学模型在 MATLAB/Simulink 中建立相应的仿真模型, 并对相应的模型进行验证。

电池参数: 容量 40A·h, 额定电压 3.2V, 最大充电电流 40A。

图 1.3 为锂离子电池开路电压与荷电状态之间的关系曲线。从图中可以看出, 锂离子电池开路电压与荷电状态存在较明显的拟合关系, 可以通过拟合函数对电池下一时刻的开路电压值进行估计和预测。针对该电池的拟合函数如下:

$$
\begin{aligned}
OCV = & -0.7644\exp(-26.6346SOC) + 3.2344 + 0.4834SOC \\
& - 1.2057SOC^2 + 0.9641SOC^3
\end{aligned}
\tag{1.2}
$$

(1) 设置不同的放电倍率, 在不同放电倍率下分析锂离子电池端电压与电池容量的关系, 如图 1.4 所示。从图中可以看出, 锂离子电池在高放电倍率下到达截止电压时所放出的容量不同, 放电倍率越小, 放出的电量越多。

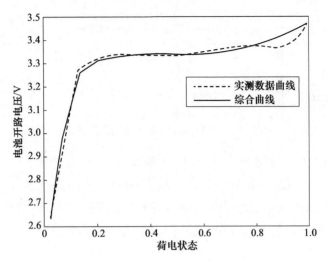

图 1.3　锂离子电池开路电压与荷电状态之间的关系曲线

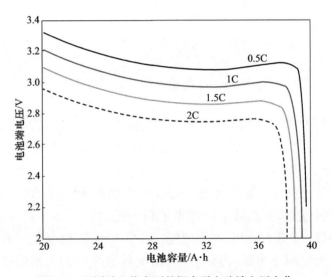

图 1.4　不同放电倍率下的锂离子电池端电压变化

　　(2) 恒定电流为 10A,电池的初始容量为 40A·h 时,锂离子电池端电压随时间的变化曲线如图 1.5 所示。从波形可以看出,在整个放电过程中,电压在 1200~2500s(对应的荷电状态为 0.2~0.8)基本是平稳下降的,此区间之外电池电压都是呈大幅度下降的,很快达到截止电压。因此,要求电池工作在荷电状态为 0.2~0.8 的范围内,对应于此时间段内锂离子电池的输出功率如图 1.6 所示。

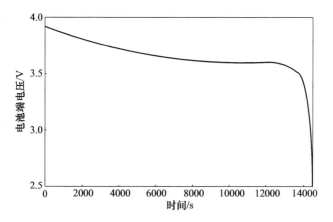

图 1.5　锂离子电池端电压随时间变化曲线

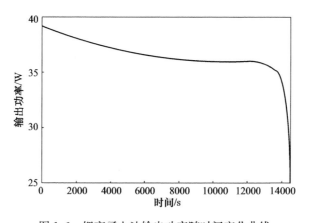

图 1.6　锂离子电池输出功率随时间变化曲线

（3）锂离子电池在初始荷电状态为 1（即电池处于满充状态）时进行 50W 的恒定功率放电，此时电池的伏-安特性曲线如图 1.7 所示。可以看出，锂离子电池电压与电流基本呈现双曲变化，进一步得到电池电流、电压与荷电状态的对应关系如图 1.8 所示。

由于锂离子电池具有高能量、高功率动力装置等诸多优点，其将会在分布式发电储能中发挥越来越重要的作用。但是锂离子电池要想大规模生产应用还有一定难度，因为它特殊的包装和内部的过充电保护电路造成了锂离子电池的高成本。而且锂离子电池的飞速发展必然会导致锂资源的紧缺，从而影响其储能价格和大规模持续供给。

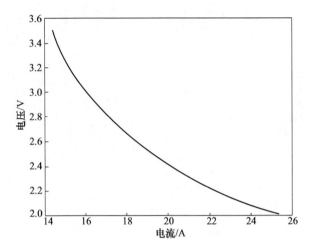

图 1.7　输出功率为 50W 时的锂离子电池伏-安特性曲线

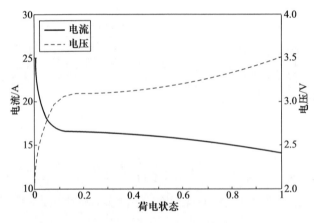

图 1.8　放电过程中锂离子电池电流、电压与荷电状态的对应关系

1.1.3　钠硫电池简介

钠硫电池是 1966 年由美国福特公司针对电动汽车中的应用而首先提出的。在随后的研究中发现,由于钠硫电池具有比功率和比能量较高、原材料成本和制造成本较低、温度稳定性较高以及无自放电等特性,使其成为目前具有较好市场活力和应用前景的储能电池。

通常,钠硫电池由正极、负极、电解质、隔膜和外壳组成。与具有液体电解质的二次电池(铅酸电池、镍镉电池等)不同,钠硫电池由熔融电极和固体电解质组成,负极的活性物质为熔融金属钠,正极活性物质为液态硫和多硫化钠熔盐。以 β″-Al$_2$O$_3$ 陶瓷管作为固态电解质兼正负极隔膜,它是一种有着氧化铝骨架层和钠离子导电层交错排列的晶格结构的陶瓷材料。放电时熔融钠负极失电子变成钠离子,钠离子经固体电解质到达硫正极形成多硫化钠。电子经外电路由负极到达正极参与反应。充电时钠离子重新经过电解质回到负极,过程与放电时相反。放电深度不同,多硫化钠的主要成分也不同。因为多硫化钠有较强的腐蚀性,所以一般采用抗腐蚀的不锈钢作为电池外壳。

钠硫电池的工作温度为 300～350℃。钠硫电池的电极材料是钠和硫,储量丰富,成本较低。钠硫电池的理论能量密度约为 760W·h/kg,功率密度约为 230W/kg;循环效率为 80％以上,循环寿命达 10 年以上。钠硫电池能量成本约为 400～600 美元/kW·h,功率成本约为 1000～3000 美元/kW,比较接近大规模储能市场预期。

钠硫电池所采用的电极材料都是较轻的元素,而且整个电池没有采用对环境有污染的材料,因此钠硫电池是一个理想的绿色二次电源,在储能和电动车等领域有很大潜力。

大规模电网储能多方面的要求给钠硫电池的发展提出了新的挑战。首先,高温(300～350℃)运行的钠硫电池,陶瓷管一旦发生破裂形成短路,将酿成很大的安全事故。其次,高温下钠硫电池的腐蚀问题仍是其进一步发展的主要障碍之一。目前研究人员希望通过改进钠硫电池结构来降低该电池体系的工作温度,从而解决上述问题,例如全固态钠硫电池,它的工作温度由一般钠硫电池的 300～350℃的工作温度降低至 90℃,甚至有人尝试制备了室温下工作的钠硫电池[6,7],不过这些电池的性能还有待进一步提高。

1.1.4　液流电池简介

液流电池最早由美国航空航天局资助设计,随后日本电子实验室也投入研发。20 世纪 80 年代,澳大利亚新南威尔士大学等机构开始了全钒液流电池的研究,试制小规模电池。液流电池不断从实验室转向产业实体。21 世纪,世界各地纷纷开始建立试点。

液流电池是一种大容量电池储能装置,储能功率已达到兆瓦级水平。由于液流电池储能系统的功率和容量可独立设计,在工程应用方面具有较大的灵活性。液流电池又称氧化还原液流电池,是一种新型的化学电源,是将电化学活性物质以液态形式储存在电池外部,利用循环使电解液进入电池,电解液活性物质在电极内发生氧化还原反应,在电池内部使用离子交换膜将阴极和阳极分开,实现充放电过程。

电解质溶液是液流电池的核心,它是一个多价态体系,实现着能量的储存和释放。液流电池既需要高浓度的电解质溶液以实现电池的高比能量,又要求它有高稳定性。电解质溶液的浓度不同,其离子存在形式可能有很大不同,当电解质溶液的浓度高至一定程度后即会引起电解质溶液的水解、缔合或沉淀析出等问题。因此,我们需要了解液流电池长期充放电循环运行过程中高浓度电解质溶液的变化规律,并深入研究如何提高液流电池要求的高浓度、多价态的电解质溶液浓度及其稳定化机制。

因此,我们需要了解液流电池长期充放电循环运行过程中高浓度电解质溶液的变化规律,并深入研究如何提高液流电池要求的高浓度、多价态的电解质溶液浓度及其稳定化机制。

液流蓄电系统的功率取决于电池的面积和堆的节数,储能容量则取决于储液罐的容积,两者可单独设计。因此,液流蓄电池系统的设计的灵活性大,易于模块组合,受设置场地限制小,蓄电规模易于调节。各单电池的反应物流体相同,容易保证电堆的一致性和均匀性,并可通过某几个单电池来监测整个系统的充放电状态。也可以利用连接含有不同单电池数的电池组段构成分立的负载,以提供不同的输出电压。当负载变化或放电深度增加时,可用附加电池维持恒定的输出电压,并利用"再平衡电池"连续校正阳极区和阴极区由于物流不平衡引起的轻微副反应。理论上讲,液流化学蓄电池系统的寿命长,可靠性高,无污染排放和噪声,建设周期短,运行和维持费用较低,适用于建造大规模储电装置。

液流电池主要包括多硫化钠/溴液流电池、锌/溴液流电池和全钒液流电池。美国派士博能源制造公司(American PowerStar Battery Produce Group,PSB)成立于1988年,是一家专业致力于电能存储产品集研发、生产的电池制造商,主要研究多硫化钠/溴液流电池,后将该电池称作PSB。20世纪90年代初,英国Innogy公司开始投入人力及资金对PSB进行产品及技术的研发工作。2000年8月,Innogy公司开始建造第一座商业规模的储能调峰演示电厂,该电能存储系统储能容量为120MW·h,最大输出功率15MW,可满足10000户家庭一整天的用电需求。2001年Innogy公司为哥伦比亚空军基地建造了一座储能容量为120MW·h、最大输出功率为12MW的多硫化钠/溴液流电池储能系统,用于在非常时期为基地提供电能。中国科学院大连化学物理研究所燃料电池中心自2002年起也着手进行PSB系统的技术攻关工作,并于2004年成功研制出百瓦级及5kW级PSB储能电池模块。

多硫化钠/溴液流电池分别以多硫化钠(Na_2S_x)和溴化钠(NaBr)的水溶液为电池负、正极电解液及电池电化学反应活性物质的液流电池体系。多硫化钠/溴液流电池是一种新型高效电能储存技术,具有能量转化率高、使用寿命长、可大批量生产等优点[8],可用于储能电站、大功率可移动电源,还可与太阳能、风能等可再生能源的发电方式相结合,将这些电能储存起来待需要时输出电能。多硫化钠/溴液流电池在关键材料与部件的制备、电池的密封以及电池组的组装等工程技术上积累了一定经验,但是在电极反应动力学、电极材料优化,特别是离子交换膜等基础研究上存在不足,从而造成正、负极电解液互串引起的容量和性能衰减问题难以解决。而且由于PSB体系中强腐蚀性溴蒸气的渗透外漏,造成严重的环境污染,因此目前国内外对多硫化钠/溴液流电池的规模进行扩大的工作处于停滞状态。

锌/溴液流电池的电解液为溴化锌水溶液,充电过程中,负极锌以金属形态沉积在电极表面,正极生成溴,放电时在正、负极上分别生成锌离子和溴。锌/溴液流电池具有较高的能量密度,其能量密度可以达到70W·h/kg,为铅酸电池能量密度的3倍以上。同时,锌/溴液流电池具有良好的循环充放电性能,放电深度可达到100%而不会损害电池的性能,反而会使其得到改善。锌/溴液流电池在常温下工作,不需要复杂的热控制系统,其大部分组件由聚烯烃塑料制成,便宜的原材料和较低的制造费用使它在成本上具有竞争力。锌/溴液流电池的这些特点,使它有望成为规模储能和电动车应用的技术选择。

锌/溴液流电池要发展成为商业化应用的电池还需要解决两个主要技术问题:①锌形成沉积物时具有生成枝晶的趋势;②在溴化锌水溶液中溴具有高的溶解度。枝晶状锌沉积物很容易造成电池短路,而溴的高溶解度使得溴扩散问题严重,从而直接与负极锌发生反应,导致电池的自放电程度加大。

全钒液流电池是目前唯一进入商业化应用阶段的液流电池。全钒液流电池正极和负极储液罐中的活性物质均为钒离子溶液,但正负极溶液中钒离子的价态不同;电池进行充放电过程中,电解液通过泵作用在储液罐和正、负极反应室中循环流动以保持电解液浓度均衡,电极表面发生化学反应,实现电池的充放电[9]。

全钒液流电池以不同价态的钒离子作为其反应活性物质,电池的电解液由钒物质和硫酸配制而成并分成两个储液罐存储,分别称为正极储液罐和负极储液罐。正极储液罐中离子为 V^{4+} 和 V^{5+},负极储液罐中离子为 V^{2+} 和 V^{3+},液流电池主要通过泵机将不同的钒离子流动到堆栈中,通过两种溶液之间的电化学还原或氧化反应来储存和释放能量。

全钒液流电池储能电站采用模块化设计,单个储能电站装机容量规模可达百兆瓦级,供电时间从分钟级至 10h 以上,可实现不同区域全钒液流电池储能电站的协调管理和联合调度,在容量规模和应用功效上可以达到抽水蓄能电站的水平。与锂离子电池相比,全钒液流电池具有功率与能量解耦配置的突出优点,而且电池组的一致性比锂离子电池更好,有助于延长电池组的整体寿命,可提高储能系统的经济性,同时废旧液流电池电解液可回收,对环境污染程度较轻,可有效降低环境保护成本。全钒液流电池储能技术作为一种新型储能技术,随着技术的不断进步和大规模的推广应用,全钒液流电池储能电站的建设成本将大幅下降。

1.2 几种常用电化学储能电池主要性能对比

1. 几种电化学储能电池主要性能简介

1) 铅酸电池

铅酸电池发展时间长,技术比较成熟,可以大规模生产;其原材料丰富、价格便宜,因此成本较低。同时其使用安全,高、低温性能都很好。但是铅酸电池中使用的铅是重金属,对环境有污染,除此之外,铅酸电池寿命短、能量密度低、体积大以及易受外部温度等环境的影响。

铅酸电池大电流放电性能优良,在交通运输行业得到了广泛使用,可以作为各类电动车的电源。

2) 锂离子电池

锂离子电池电压平台高,单体电池的平均电压高,便于组成电池组;具有高储存能量密度,相对其他电池而言,锂离子电池能量密度很高,目前已达到 $460 \sim 600 W \cdot h/kg$,为铅酸电池的 6~7 倍。这就意味着在相同电荷容量下,锂离子电池质量更轻;使用寿命相对较长,可达到 6 年以上。以磷酸亚铁锂为正极的锂离子电池为例,在 1C 充放电倍率下,循环周期的最高纪录可达 1000次;具备高功率承受力,电动汽车用的磷酸亚铁锂离子电池最高充放电倍率可以达到 15～30C,这非常适合动力汽车高强度的启动和加速;高低温适应性强。锂离子电池可在 −20～60℃ 环境下使用,经过工艺上的处理,可以在 −45℃环境下使用;绿色环保,无论生产、使用还是报废都不含有也不产生铅、汞、镉等有毒重金属物质;锂离子电池的主要原材料锂、锰、铁、钒等在我国都是富产资源;在生产锂离子电池的过程中基本不消耗水,对水资源稀缺的国家十分有利。

锂离子电池也具有自身不可克服的缺陷:低温下电池性能明显恶化,放电能力下降、输出功率减小、可用电量衰减等;由于锂离子化学特性较为活跃,若错误使用,将会出现电解液分解、燃烧甚至爆炸的危险,存在安全隐患;不同放电倍率对电池的可用容量影响较大;过充电和过放电均会对电池造成不可恢复的损害。针对以上缺点,一般大容量的锂离子电池组均采用了保护装置来监视电池的使用过程。

3) 钠硫电池

钠硫电池单体的比能量高,可大电流、高功率放电,无放电污染、无振动、低噪声,利于环境保护;钠硫电池的理论比能量高达 760W·h/kg,没有自放电现象,放电效率几乎可达 100%;单体的额定电压为 2V,我国目前设计容量达到 650A·h,功率在 120W 以上;将多个单体电池组合后形成模块,模块的功率通常为几十千瓦,通过模块串联可以很容易达到兆瓦级,直接用于大型储能;循环充放电次数按 300 次/年(90%DOD)计算,其寿命可以达到 15 年左右;另外,其重量和体积仅为铅酸电池的 1/5～1/3。

与其他蓄电池不同的是,钠硫电池的工作温度为 290～360℃,要通过保温箱进行模块封装和集成。温控系统的好坏直接影响到钠硫电池的工作状态和寿命,使用时必须严格控制电池的充放电状态,否则极易出现故障甚至损坏。

钠硫电池具有一定的商业化价值,国外已有上百座额定功率超过500kW 的钠硫电池储能电站投入运行,在电力系统削峰填谷、改善电能质量、平滑风电出力等方面发挥了重要作用。

4) 液流电池

液流电池是一种大容量电池储能装置,储能功率已达到兆瓦级水平。由于液流电池储能系统的功率和容量可独立设计,功率大小取决于电池堆,能量的大小取决于电解液,可随意增加电解液的量,达到增加电池容量的目的。各单电池的反应物流体相同,容易保证电堆的一致性和均匀性,液流电池化学蓄电系统的寿命长,只是长期使用后,电池隔膜电阻有所增大。根据参与反应的活性物质的不同,液流电池可以分为多硫化钠/溴液流电池、锌/溴液流电池和全钒液流电池。虽然它们各自的电化学活性物质不同,但都具备电池的功率和容量相互独立,输出功率由电堆模块的大小和数量决定,储能容量由电解液的浓度和体积决定,可实现功率与容量的独立设计,具有能量转化效率高、启动速度快、可深度放电等特点。在工程应用方面具有较大的灵活性,易于模块组合,受设置场地限制小,蓄电规模易于调节。液流电池可靠性高,无污染排放和噪声,建设周期短,运行和维持费用较低,是一种高效的大规模储存电能装置。

2. 几种电化学储能电池的性能对比

从功率密度、容量密度、充放电效率和环境影响等方面对铅酸电池、钠硫电池、锂离子电池、液流电池的性能进行比较[10~12],如表 1.2 所示。

表 1.2　几种电化学储能电池的性能比较

性能	铅酸电池	钠硫电池	锂离子电池	液流电池
能量密度 /(W·h/kg)	30~50	100~210	70~100	100~150
功率密度 /(W/kg)	100	200~300	100~200	400~700
效率/%	75	89~92	96	70~75
响应时间/s	>0.02	>0.02	0.01~0.02	>0.02
持续释能时间	1s~10h	1s~10h	1s~10h	1s~10h
使用寿命/万次	<2	<2	<2	<2
应用方向	电能质量控制、系统备用	平滑负荷,备用电源	平滑负荷,备用电源	平滑负荷,备用电源
价格/[元/(kW·h)]	650	1200	2000	2800
安全性	使用不当会出现安全事故	原材料易燃,安全性较差	存在安全隐患	安全性更高
安装难易程度	无特别安装限制	无特别安装限制	无特别安装限制	无特别安装限制
环境影响	潜在污染源	可能污染环境	可能污染环境	影响较小
优点	功率容量高,体积能量密度低,容量成本低,寿命长	能量、功率容量很高,能量密度高,效率高,寿命长	响应时间短,能量密度高,效率高	能量、功率容量高,寿命长
缺点	效率低	存在安全隐患	存在安全隐患	效率低

铅酸电池应用范围广阔,目前主要应用于:通信、电力、自动控制、应急设备的备用电源,风能、太阳能等新能源的储能电池,汽车、摩托车、燃油机、发动机的启动、照明,电动自行车、电动车的动力电池。铅酸电池由于具有材料廉价、工艺简单、技术成熟、自放电低、免维护要求等特性,将在未来电池市场中发挥重要作用。但环境问题将是影响未来铅酸电池市场的关键因素,特别是减少车辆排放尾气和改进燃油效率,将导致汽车用铅酸电池市场的变化。

钠硫电池储能具有独特的优势,主要体现在大容量、能量的储存和转换效率非常高、使用寿命长等方面。钠硫电池已成功应用于削峰填谷、应急电源、风力发电等可再生能源的稳定输出和提高电能质量等方面。目前国外已有 100 多台钠硫电池储能电站正在运行工作,涉及工业、商业、交通、电力等行业,该电池是各种二次电池中最成熟的一种,也是一种最有前途的储能电池。但目前在陶瓷粉体的生产、陶瓷管加工和硫极容器防腐性能以及电池结构设计等方面还存在一些问题,这些问题的解决是决定钠硫电池发展方向的关键。

锂离子电池的应用范围越来越广阔,目前主要应用于水力、火力、风力和太阳能电站等电池储能系统,以及电动工具、电动自行车、电动摩托车、电动汽车、军事装备、航空航天等多个领域。从发展趋势上来看,锂离子电池已经成为动力电池的主要方向,并逐步向电动自行车、电动汽车等领域拓展。

液流电池因其能量、功率分开设计,安全性高,循环寿命长等特点已经成为大规模储能技术中最有前景的技术之一。然而,液流电池成本高以及能量密度低的问题制约了其进一步发展。由于能量密度不高,多用于大规模储能,很少作为动力电池使用,这也大大限制了液流电池的市场范围。液流电池技术的研究开发历史比较短,经费支持力度较低,仍存在很大的发展空间。

1.3　寒冷地区电池储能的特殊性

铅酸电池的最佳使用环境温度是 20~25℃,在此环境温度下按照标准方法进行放电,铅酸电池放出的容量可以达到其额定容量。当使用温度低于最佳使用环境温度时,铅酸电池的容量会降低,温度越低,容量降低得越多,且在低温条件下铅酸电池的寿命也会缩短。这主要是因为在低温环境下,铅酸电池内电解液的流动性变差,正负极板的电化学反应速率降低,极板盐化造成参与放电的活性物质变少,从而影响了蓄电池的容量和循环寿命。

　　锂离子电池在气温温和地区的示范运行和推广效果较好,但是在寒冷地区却存在着"水土不服"的问题。寒冷地区的应用环境比较苛刻,在这些地区,冬季气温通常会低至−30℃,而夏季温度则会高达40℃。随着温度的降低,锂离子电池的峰值功率逐渐下降,在0℃时,锂离子电池电压平台上的峰值功率对应的峰值放电电流急剧减小,严重影响储能系统性能。锂离子电池的放电能力用额定容量表示,其额定容量随着温度变化而变化。温度越高,额定容量越大,随着温度升高,其增长速度趋于缓慢。相反地,在低温环境中,锂离子电池容量容易衰减。−10℃时,电池的额定容量仅为标称值的70%左右。由此可看出,锂离子电池的性能对温度十分敏感,只能在一定的温度范围内正常工作,过低或者过高的温度都会影响电池的可用容量、充放电峰值功率以及循环寿命等性能参数,严重情况下还会造成安全事故。

　　液流电池在−20～50℃的环境温度下,在合适的电流密度下能正常充放电且长期稳定运行,并保持能量效率在60%～85%。在大规模的新能源发电配套储能系统中应用时,综合考虑液流电池的能量效率、整个系统的能量损耗,可以选择合适的工作温度和电流密度,得到最低的能量损耗和最大的能量转换效率,实现能源的高效存储和利用。从储能电池的充放电效率、电池容量、受环境温度影响程度、资源节约、环境保护等方面可以看出,液流电池更适合用作大规模储能电池。

第2章 电池储能技术指标体系

2.1 技 术 指 标

储能技术的评价指标分为 6 个一级指标、22 个二级指标。其中,一级指标包括储能规模性指标、储能技术性指标、储能经济性指标、储能环境影响指标、储能稳定性指标、储热介质性能指标[14]。二级指标包括功率等级、持续发电时间/响应时间、能量密度、功率密度、储能周期、能量自耗散率、储能循环效率、循环次数、使用寿命、价格成本、投资收益、污染物排放种类、污染物排放量、污染可恢复性、储能系统故障率、维护维修难易程度、适用储热方式、比热容、热导率、相变/工作温度、相变热、㶲密度。储能/储热技术评价指标体系如表 2.1 所示。

表 2.1 储能/储热技术评价指标体系

一级指标	二级指标	指标含义
储能规模性指标	功率等级/W	功率等级分为大规模(>100MW)、中等规模(10~100MW)、较小规模(100kW~10MW)、小规模(<100kW)
	持续发电时间/h/响应时间/s	储能系统的放电时间及响应速度
储能技术性指标	能量密度/(W·h/L)[(W·h/kg)]	能量密度等于存储能量除以装置体积(或质量)
	功率密度/(W/L)[(W/kg)]	功率密度等于额定功率除以存储设备的体积(或质量)
	储能周期/(h/W)	储能周期分为短期(<1h)、中期(1h~1 周)和长期(>1 周)
	能量自耗散率/%	储能系统自身的能量消耗除以储能总量
	储能系统循环效率/%	释放能量与储存能量之比,分为极高效率(>90%)、较高效率(60%~90%)和低效率(<60%)
	循环次数/次	储能系统可储存和释放能量的最大次数
	使用寿命/年	储能系统最大使用年限

一级指标	二级指标	指标含义
储能经济性指标	价格成本/[元/(kW·h)]	每千瓦时发电成本,综合考虑电价、建设成本和运营成本
	投资收益	储能系统在全寿命周期内,充放 1kW·h 的收益和成本的比值
储能环境影响指标	污染物排放种类	储能系统排出的污染物质种类,如废水、废气、废渣、噪声、放射物等
	污染物排放量	储能系统排出的各种污染物质的量
	污染可恢复性	可再生资源和不可再生资源的消耗
储能稳定性指标	储能系统故障率/%	储能系统出现故障的频率
	维护维修难易程度	储能系统故障维修成本及配件获取难易程度
储热介质性能指标	适用储热方式	分为显热储热和相变储热
	比热容/[kJ/(kg·K)]	单位质量物质的热容量,即单位质量物体改变单位温度时吸收或放出的热量
	热导率/[W/(m·K)]	又称导热系数,是指当温度垂直向下梯度为 1℃/m 时,单位时间内通过单位水平截面积所传递的热量,反映物质的热传导能力
	相变/工作温度/℃	介质相变时的温度/介质工作的温度范围
	相变热/(kJ/kg)	定量介质在一定的温度下由一个相转变为另一个相时吸收或放出的热
	烟密度/(kJ/kg)	衡量所储存热量的质(即有用功)

2.1.1　储能规模性指标

　　储能规模性指标包括功率等级和持续发电时间/响应时间,功率等级越高、放电时间越长,储能系统的规模越大。根据对各种类型电力储能系统的功率和放电时间的比较,结合实际工程应用情况,将储能参与的电力管理类型分为三种类型[15]:

　　(1)大规模能源管理。抽水储能、压缩空气储能规模超过 100MW 且能够实现每天持续输出的应用,适合参与大规模的能源管理,如负载均衡、输出功率斜坡/负载跟踪。

　　(2)电力质量管理。飞轮储能、超导电磁储能、超级电容的放电反应速度快(约毫秒),因此可用于电能质量管理,包括瞬时电压降、降低波动和不间断电源等,通常这类储能设备的功率级别小于 1MW。

　　(3)电能桥接管理。液流电池和金属-空气电池不仅要有较快的响应

（约小于 1s），还要有较长的放电时间（1h），因此比较适合桥接电能。通常此类型储能设备的功率级别为 10～100MW。

2.1.2 储能技术性指标

1. 能量密度和功率密度

能量密度等于存储能量除以装置体积（或质量），各储能系统的能量密度计算公式为

$$能量密度 = \frac{E}{V} \quad 或 \quad 能量密度 = \frac{E}{m} \quad (2.1)$$

功率密度等于额定功率除以存储设备的体积（或质量），各储能系统的功率密度计算公式为

$$功率密度 = \frac{P}{V} \quad 或 \quad 功率密度 = \frac{P}{m} \quad (2.2)$$

通过计算比较可知，金属-空气电池和太阳能燃料电池的循环效率很低，但是它们却有极高的能量密度（1000W·h/kg），而相变储能和压缩空气储能具有中等水平的能量密度。抽水储能、超导电磁储能、超级电容和飞轮储能的能量密度最低，通常在 30W·h/kg 以下。然而，超导电磁储能、超级电容和飞轮储能的功率密度是非常高的，它们更适用于大放电电流和快速响应下的电力质量管理。钠硫电池和锂离子电池的能量密度比其他传统电池的高，液流电池的能量密度比传统电池的稍低。

2. 储能周期与能量自耗散率

储能周期与能量自耗散率是储能系统性能的具体体现指标，储能周期分为短期（<1h）、中期（1h～1 周）和长期（>1 周）；能量自耗散率等于储能系统自身的能量消耗除以储能总量，计算公式为

$$能量自耗散率 = \frac{储能系统自身的能量消耗}{储能总量} \quad (2.3)$$

通过比较可知，抽水储能、压缩空气储能、燃料电池、金属-空气电池、太阳能燃料电池和液流电池等的自耗散率很小，因此均适合长时间储存。铅酸电池、镍镉电池、锂离子电池、相变储能等具有中等自放电率，储存时间以不超过数十天为宜。飞轮储能、超导电磁储能、超级电容每天有相当高的能量自耗散率，只能用在最多几小时的短循环周期。

3. 储能系统循环效率

储能系统循环效率计算公式一般分两种,基于热力学第一定律的储能系统循环效率计算公式为

$$\eta = \frac{释放的能量}{储存的能量} \times 100\% \tag{2.4}$$

式(2.4)适用于能量以机械能或电磁能形式储存的储能系统。对于相变储能系统,除了式(2.4),往往还需从能量品位的角度评价储能过程。

基于热力学第二定律的储能系统循环效率计算公式为

$$\eta = \frac{释放的(㶲)}{储存的(㶲)} \times 100\% \tag{2.5}$$

储能循环效率是储能系统技术性能的最重要体现指标之一。储能系统循环效率大致可以分为三种:

(1) 极高效率。超导电磁储能、飞轮储能、超级电容和锂离子电池的循环效率超过90%。

(2) 较高效率。抽水蓄能、压缩空气储能、电化学储能电池(锂离子电池除外)、液流电池和传统电容的循环效率为60%~90%。

(3) 低效率。金属-空气电池、太阳能燃料电池、相变储能的循环效率低于60%。

4. 使用寿命和循环次数

通过比较不同电力储能系统的使用寿命和循环次数,可以看出,在原理上主要依靠电磁技术的电力储能系统的循环次数非常多,通常大于20000次,如超导电磁储能和超级电容。机械类储能(包括抽水蓄能、压缩空气储能、飞轮储能)和相变储能的循环次数也非常多。随着运行时间的增加会发生化学性质的变化,因此电池的使用寿命比其他系统低。

2.1.3　储能经济性指标

1. 价格成本

价格成本是影响储能产业经济性的最重要因素之一。就1kW·h的成本而言,压缩空气储能、金属-空气电池、抽水储能、相变储能成本较低。与其他形式储能系统相比,在已经成熟的储能技术中,压缩空气储能的建设成

本最低,抽水储能次之。尽管电池的成本近年来下降很快,但同抽水储能系统相比仍然较高。超导电磁储能、飞轮储能、超级电容单位输出功率成本不高,但从储能容量的角度看,价格很贵,因此它们更适用于大功率和短时间储能应用场合。总体而言,在所有的电力储能技术中,抽水储能和压缩空气储能的每千瓦时储能和释能的成本都是最低的。尽管近年来电化学储能技术的周期成本已在大幅下降,但仍比抽水储能和压缩空气储能的成本高出不少。

2. 投资收益

相对来说,我国对储能应用的投资收益研究才刚刚起步,目前应用较普遍的是规模储能装置的经济效益指数,即 YCC 指数[16]。YCC 指数的计算公式为

$$\text{YCC} = \frac{\text{电价}_{放} - \dfrac{\text{电价}_{充}}{\text{能量转换效率}}}{\dfrac{\text{输出 } 1\text{kW·h 的初始投资}}{\text{循环寿命} \times \text{充放电深度}} + \text{输出 } 1\text{kW·h 的运营成本}} \tag{2.6}$$

式中,YCC 指数实际上是储能全寿命周期内,充放 1kW·h 的收益和成本的比值。其中,储能的收益由充、放电价以及能量转换效率决定,成本主要由初始投资、循环寿命、充放电深度、运营成本决定。

针对具体项目,根据 YCC 指数计算结果进行储能企业是否盈利的判定:

$$\begin{cases} \text{YCC} > 1, & \text{储能企业盈利} \\ \text{YCC} \leqslant 1, & \text{储能企业亏损} \end{cases} \tag{2.7}$$

收集目前各种储能装置的参数,代入 YCC 指数公式计算,发现除长寿命的铅酸电池和超级电容外,绝大多数的化学电源在规模储能中还不能取得经济效益。

2.1.4　储能环境影响指标

储能环境影响指标是评价储能系统对环境的影响程度,主要调查储能系统的污染物排放种类、污染物排放量和污染可恢复性,在定量分析中用环境质量指数作为指标,评价储能系统对各项环境污染物是否达到国家或地方规定标准[17]。

环境质量指数采用各项环境污染物治理指数之和的算术平均数,计算公式为

$$\text{环境质量指数} = \frac{\sum\limits_{i=1}^{n} \text{环境污染物治理指数}}{n} \tag{2.8}$$

如果该储能系统对环境的影响很大,各项污染物聚集的程度对环境影响的差别很大,可以对各项污染物聚集的程度给予不同的权重,然后再求平均指数,计算公式为

$$环境质量指数 = \sum_{i=1}^{n} \frac{Q_i}{Q_{i0}} \tag{2.9}$$

式中,n 为该项目排除的污染环境的有害物质的种类,如废水、废气、废渣、噪声、放射物等;Q_i 为有害物质排放量;Q_{i0} 为国家或地方规定的 i 种物质最大允许排放量。

2.1.5　储能稳定性指标

储能系统的稳定性能直接影响着该系统的运行效率、运行周期及使用寿命等,因此将储能稳定性作为评价储能系统的重要指标之一。储能系统稳定性主要调查储能设备的故障率和维修过程中配件获取的难易度。

故障率能够反映出关键设备与一般设备故障对设备运行率的影响以及整体平均设备故障率和设备故障对生产的影响程度。故障率计算公式为

$$\lambda = \frac{C}{N\Delta t} \times 100\% \tag{2.10}$$

式中,C 为在考虑的时间范围 Δt 内发生故障的部件数;N 为整个系统使用的部件数;Δt 为考虑的时间范围。

平均无故障时间计算公式为

$$MTBF = \frac{1}{\lambda} \tag{2.11}$$

稳定性计算公式为

$$A_s = \frac{MTBF}{MTBF + MDT} \tag{2.12}$$

式中,MDT 为平均故障时间。

2.1.6　储热介质性能指标

较为理想的、有实用价值的相变储热材料应该满足下列指标:

(1)热力学指标。单位质量相变热高,便于以较少的质量即能储存相当量的热能;比热容高,可提供额外的显热效果;热导率高,以便储、放热时储热材料内的温度梯度小;协调熔解,材料应完全熔化,以使液相和固相在组成上完全相同,否则因液体与固体密度差异发生分离,材料的化学

组成改变;相变过程的体积变化小,可使盛装容器体积更小。焓密度是衡量储热质量的指标体现,储热介质的更宽的工作温度范围、更大的比热容以及极高温(低温)区域的相变均是提高其焓密度的有效途径。

(2)动力学指标。凝固时无过冷现象或过冷程度很小,熔体应在其热力学凝固点结晶,这可通过高晶体成核速度及生长速率实现,有时也可加入成核剂或"冷指"来抑制过冷现象。

(3)化学性能及环境影响指标。化学稳定性好,不发生分解,使用寿命长;对构件材料无腐蚀作用;无毒性、不易燃烧、无爆炸性。

(4)经济性指标。价格低廉,储量丰富,易大规模制备。

2.2 电池储能的运行状态评估体系

目前,国内外主要通过分析电压、容量、内阻、荷电状态等静态参数对电池状态进行评估,并规定了用于紧急后备电源储能系统的充放电倍率、充放电效率、寿命、自放电率等性能评估指标,但评估的数据来源是试验数据,目的是对储能作为后备电源应用领域的适用性进行评价,而不是对储能设备的运行状态进行评估[18]。本节通过分析温度、电压、电流、功率、电量、荷电状态等运行参数,提出电池储能的运行状态评估指标,并对指标体系进行综合评价。

2.2.1 电池储能的运行状态评估指标

1. 电池电压极差

电池电压极差是指同一电池组中最大电池电压和最小电池电压的差值,该指标用于计算电池组中最大电压差别,能直观反映电压最大或最小单体电池的性能。

2. 电池电压标准差系数

标准差系数又称离散系数,是从相对角度反映大量同类参数离散程度的数学指标。锂离子电池组是由大量电池串并联组成的,可以通过分析电池电压、容量、内阻等参数的标准差系数,对组串的一致性进行评估,电池电压标准差系数为

$$u_{\delta}=\frac{\delta_{\mathrm{u}}}{\bar{u}}=\frac{\sqrt{\dfrac{\sum\limits_{i=1}^{n}(u_i-\bar{u})^2}{n}}}{\bar{u}}\times100\%\tag{2.13}$$

式中，u_{δ} 为电池电压标准差系数；δ_{u} 为电池电压标准差；$\bar{u}$ 为电池电压平均值；u_i 为第 i 节电池电压；n 为电池组的电池数。

由于储能用电池组的串联电池一般为 200～300 节，当存在性能劣化的单体电池时，偏差大的单节电池电压的影响会淹没在电池电压标准差系数的计算中。只有当电池组整体性能劣化时，其电池电压标准差系数才会明显增大，且波形会随着运行电流的变化而剧烈变化。

因此，当电池电压标准差系数明显增大时，即使该组中没有性能明显降低的电池，也能确定该电池组一致性发生了变化，这种一致性的变化会对电池组寿命产生很大的影响。

3. 电池温度极差

电池温度极差是指同一电池组中最大电池温度和最小电池温度的差值。温度是导致电池性能衰减的主要因素，温度不同会导致电池组一致性变差。因此，电池温度极差可作为电池性能变化的辅助因素进行分析。

4. 荷电状态极差

荷电状态极差是指同一储能单元中电池组中最大荷电状态与最小荷电状态的差值。荷电状态极差是判断电池组能量一致性的评估指标。荷电状态极差越小，电池组能量一致性越好，储能单元可用容量越大。

5. 功率-荷电状态相关度

功率-荷电状态相关度是指储能单元运行过程中电池组功率与其荷电状态的相关程度。与荷电状态极差相比，对于电池组在直流侧并联的拓扑结构，功率-荷电状态相关度能更直观反映电池组性能分散性对功率自然分配的影响[19]。功率-荷电状态相关度能反映出电池组荷电状态差异的变化趋势。当相关度为 100% 时，电池组的功率分配为理想情况，能根据荷电状态进行功率分配，达到运行过程中荷电状态均衡的效果，电池组荷电状态差异越来越小；当相关度＞100% 时，表明电池组充电过多或放电不足，会导致该电池组荷电状态与其他电池组相比越来越大,荷电状态差异越来越大;当相关度<100%时,表明电池组充电不足或放电过多,会导致该电池组荷电状态与其他电池组相比越来越小,荷电状态差异也越来越小。

6. 运行充放电效率

运行充放电效率是指运行过程中放电能量与充电能量的百分比。运行充放电效率是一种广义的系统效率,用于反映达到结果与使用资源之间的关系,与电池组性能、运行工况、维护情况等因素有关。

2.2.2　电池储能指标体系评价

上述六项评估指标涵盖了电池组运行时的基本性能,包括单体性能、电池组一致性、电池组能量平衡能力以及电池组充放电性能,评估指标与电池性能的关系及评估内容如表2.2所示。

表 2.2　评估指标与电池性能的关系及评估内容

评估指标	电池性能	关联程度	评估内容
电池电压极差	单体性能	强	能敏感反映出现"短板现象"后单体电池性能的衰退
电池电压标准差系数	电池组一致性	强	能定量判断电池组一致性劣化的程度
电池温度极差	单体性能	弱	可作为电池性能变化的辅助因素进行分析
荷电状态极差	电池组能量平衡能力	强	能反映出电池组能量不平衡的程度
功率-荷电状态相关度	电池组能量平衡能力	强	能判断出导致能量不平衡的原因
运行充放电效率	电池组充放电性能	强	综合指标能作为判断电池组存在缺陷的直接依据

在上述评估指标的基础上,应用层次分析法,建立了综合性能、一致性、单体性能三个层次的评估指标体系[20]。同时,根据状态评估方法,将电池储能运行状态分为健康、亚健康、严重和恶劣,提供了相应的评估指标阈值,并根据评估指标与电池性能之间关联的强弱程度,为各评估指标提供了权重值。

根据评估指标阈值和权重,可按照流程对电池储能运行状态进行评估,如图2.1所示。首先根据电池组运行充放电效率对储能锂离子电池整体性能进行评估,分析电池性能是否发生劣化及劣化程度;然后分析电池电压标准差系数、荷电状态极差、功率-荷电状态相关度等一致性指标,分析可能造成性能劣化的原因；接着分析电池电压极差、电池温度极差等单体性能指标，定位可能存在故障的电池，并计算电池储能扣分值，提供初评结果；最后根据初评结果进行试验验证，修正评估结果，提供评估结论。

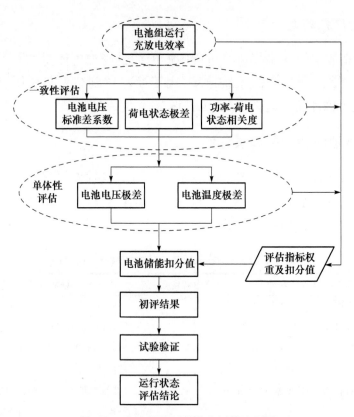

图 2.1　电池储能运行状态评估流程图

第3章 全钒液流电池

本章首先阐述全钒液流电池的工作机理,并且通过与其他储能技术相比,简述全钒液流电池储能技术的特点,得到全钒液流电池的模型。随后针对储能元件的并网要求,介绍全钒液流电池并网的条件。结合实际应用中的电池检测方法,检测低温时全钒液流电池启动性能是否达到并入电网的标准。最后研究全钒液流电池管理系统,保障电池系统运行时的性能稳定性与安全性。

3.1 全钒液流电池原理

3.1.1 液流电池应用概述

大容量储能技术将电能转化为化学能、势能、电磁能和动能等形式进行存储,提供一种与风电出力相配合的功率控制手段,具有提高风电接入能力的潜力。液流电池具有设计灵活(功率和容量可独立设计)、使用寿命长、充放电性能好、选址自由、能量转换效率高、安全环保、维护费用低和易实现规模化蓄电等其他常规电池所不具备的诸多优点。液流电池是通过活性物质发生电化学氧化还原反应来实现电能和化学能的相互转化。与传统二次电池直接采用活性物质做电极不同,液流电池的电极均为惰性电极,其只为电极反应提供反应场所,活性物质通常以离子状态存储于电解液中,通过循环泵实现电解液在管路系统中的循环[21]。

根据发生反应的电对不同,液流电池可以分为全钒液流电池、锌/溴液流电池、多硫化钠/溴液流电池、铁铬液流电池、钒/多卤化物液流电池等。其中全钒液流电池储能技术相对成熟,已进入商业化示范应用阶段。

3.1.2 全钒液流电池运行过程分析

图 3.1 为全钒液流电池示意图。由图可知全钒液流电池的活性物质是不同价态的钒离子。在硫酸水溶液中,钒离子有 VO_2^+、VO^{2+}、V^{3+}、V^{2+} 四

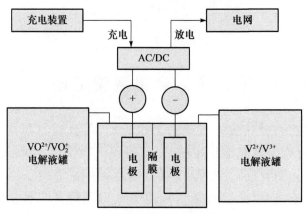

图 3.1　全钒液流电池示意图

种价态,正极半电池电解质溶液的活性电对为 VO^{2+}/VO_2^+,负极半电池电解质溶液的活性电对为 V^{3+}/V^{2+},其电极反应为

（1）正极反应：

$$VO^{2+}+H_2O-e \Longrightarrow VO_2^+ +2H^+, \quad E^{\ominus}=1.004V$$

（2）负极反应：

$$V^{3+}+e \Longrightarrow V^{2+}, \quad E^{\ominus}=-0.255V$$

（3）总反应：

$$VO^{2+}+V^{3+}+H_2O \Longrightarrow VO_2^+ +V^{2+}+2H^+, \quad E^{\ominus}=1.259V$$

充电时,正极的 VO^{2+} 失去电子形成 VO_2^+,负极的 V^{3+} 得到电子形成 V^{2+},电子通过外电路从正极到达负极形成电流,H^+ 则通过离子交换膜从正极传递电荷到负极形成闭合回路。放电过程与之相反。正极反应的标准电极电势为 1.004V,负极反应的标准电极电势为 −0.255V,故全钒液流电池的标准开路电压为 1.259V,但运行过程中钒离子浓度、酸浓度以及充电状态等因素均会对其电极电势造成一些影响,因此在实际使用中,全钒液流电池的开路电压一般为 1.4～1.6V。

3.1.3　全钒液流电池储能技术特点

与其他储能技术相比,全钒液流电池储能技术具有以下优点：

（1）循环寿命长。全钒液流电池的充放电循环寿命可达 10000 次以上,使用寿命超过 15 年。由于全钒液流电池的活性物质——钒离子存在于液态的电解液中,在电池反应过程中,钒离子仅发生价态变化而无相变,且电极材料本身不参与反应,因此电池寿命较长。我们制造的 25kW 的全钒液流电池模块在实验室中运行,充放电循环次数超过 16000 次,风电场配套使用的 4MW/6MW•h 电池系统在 3 年的应用中实现充放电循环 27 万次[22]。

(2) 充放电特性良好。全钒液流电池储能系统具有快速、深度充放电而不会影响电池使用寿命的特点,且各单节电池均一性良好。另外,钒离子的电化学可逆性高,电化学极化也小,因而非常适合大电流快速充放电。与传统电池相比,全钒液流电池更加适合在过充电、欠充电、局部荷电状态区间等电网实际工况条件下运行的要求。

(3) 功率和容量独立设计。全钒液流电池储能系统的显著优势之一是功率和容量相互独立。全钒液流电池的功率由电堆的规格和数量决定,容量由电解液的浓度和体积决定。因此,功率的扩容可通过增大电堆功率和增加电堆数量实现,容量的提高可以通过增加电解液体积实现。功率和容量相互独立,使设计更加灵活。输出功率范围:数千瓦~数十兆瓦,储电容量范围:10kW•h~数百兆瓦时。

(4) 安全、环保。相比于其他类型的储能系统,全钒液流电池储能系统是在常温、常压条件下工作,这不但延长了电池部件的使用寿命,并且表现出非常好的安全性能。另外,电解质溶液可循环使用和再生利用,环境友好,节约资源。电池部件多为廉价的碳材料、工程塑料,使用寿命长,材料来源丰富,加工技术成熟,易于回收。

(5) 可实时、准确监控电池系统荷电状态。使用全钒液流电池开路电压的高低来表征电池系统容量状况。通过电化学滴定方法测定正负极电解液浓度,可以准确计算储能系统的容量状况,并与开路电压进行对应,获取电池系统荷电状态与开路电压的函数关系曲线。将函数关系曲线耦合到电池管理系统中,可以通过测量系统开路电压对储能系统容量状况进行精确测算。该特性有利于电网进行管理、调度。

综上所述,全钒液流电池具备规模储能所要求的安全性好、循环寿命长的特点,在电力系统大规模储能电站方面具有非常好的应用前景。

3.2 全钒液流电池模型

3.2.1 全钒液流电池等效电路模型

构建全钒液流电池等效电路模型需折中权衡模型的精确性与复杂度,忽略全钒液流电池系统电解液钒离子浓度和外接泵抽动电解液流动速度变化对系统充放电过程的影响,建立全钒液流电池等效电路模型如图 3.2 所示。

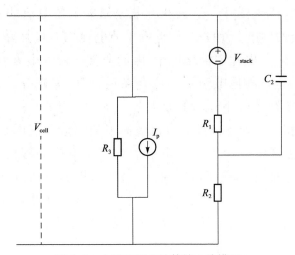

图 3.2　全钒液流电池等效电路模型

I_p. 泵损电流;R_1. 电池内电阻;R_2. 电池反应物其他电阻;R_3. 电池自反应电阻;

V_{cell}. 电池总电势;V_{stack}. 电池堆电势

V_{cell} 与荷电状态之间的关系为

$$V_{cell} = V_{equilibrium} + 2\frac{RT}{F}\ln\frac{SOC}{1-SOC} \tag{3.1}$$

式中,$V_{equilibrium}$ 为单体全钒液流电池正负极的标准电势差;R 为摩尔气体常量,$R = 8.314\text{J}/(\text{K·mol})$;$F$ 为法拉第常数;T 为热力学温度。

模型中主要包含以下物理量:

(1)荷电状态反映电池中的剩余能量,荷电状态随着电池充放电过程不断变化。

(2)V_{stack} 用一个受控电压源代替,其大小受荷电状态和电池单体电压的影响。

(3)泵损耗被等效成受控电流源,其数值在实际中可看成固定值。

(4)全钒液流电池内电阻 R_1、电池反应物其他电阻 R_2 和电池自反应电阻 R_3。

(5)全钒液流电池泵损电流 I_p。

(6)用电容 C_2 反映全钒液流电池的动态响应能力。

在全钒液流电池中,荷电状态表示 $c_{V^{2+}}$ 或 $c_{VO^{2+}}$ 占正、负极中总钒离子浓

度的百分比。荷电状态与钒离子浓度之间的表达式为

$$\mathrm{SOC} = \frac{c_{\mathrm{V^{2+}}}}{c_{\mathrm{V^{2+}}} + c_{\mathrm{V^{3+}}}} = \frac{c_{\mathrm{VO^{2+}}}}{c_{\mathrm{VO^{2+}}} + c_{\mathrm{VO_2^+}}} \tag{3.2}$$

3.2.2 充放电模型

当充放电电流为 i、电解液流量为 u 时,电堆内各价钒离子浓度变化见式(3.3)~式(3.6)。在此,假设电解液在储槽和电堆内瞬间混合,并分布均匀,可忽略电解液在管道内流动引起的延迟、水的迁移和电堆内旁路电流(由于电解液是离子导体,当形成闭合液体回路且存在电压差时形成离子流)[23]。

$$V_{\mathrm{C}} \frac{\mathrm{d}c_{2\mathrm{C}}}{\mathrm{d}t} = \mp \frac{i}{F} + u(c_{2\mathrm{T}} - c_{2\mathrm{C}}) + \left(-k_2 \frac{c_{2\mathrm{C}}}{d}S - 2k_5 \frac{c_{5\mathrm{C}}}{d}S - k_4 \frac{c_{4\mathrm{C}}}{d}S \right) \tag{3.3}$$

$$V_{\mathrm{C}} \frac{\mathrm{d}c_{3\mathrm{C}}}{\mathrm{d}t} = \pm \frac{i}{F} + u(c_{3\mathrm{T}} - c_{3\mathrm{C}}) + \left(-k_3 \frac{c_{3\mathrm{C}}}{d}S - 3k_5 \frac{c_{5\mathrm{C}}}{d}S - 2k_4 \frac{c_{4\mathrm{C}}}{d}S \right) \tag{3.4}$$

$$V_{\mathrm{C}} \frac{\mathrm{d}c_{4\mathrm{C}}}{\mathrm{d}t} = \pm \frac{i}{F} + u(c_{4\mathrm{T}} - c_{4\mathrm{C}}) + \left(-k_4 \frac{c_{4\mathrm{C}}}{d}S - 3k_2 \frac{c_{2\mathrm{C}}}{d}S - 2k_3 \frac{c_{3\mathrm{C}}}{d}S \right) \tag{3.5}$$

$$V_{\mathrm{C}} \frac{\mathrm{d}c_{5\mathrm{C}}}{\mathrm{d}t} = \mp \frac{i}{F} + u(c_{5\mathrm{T}} - c_{5\mathrm{C}}) + \left(-k_5 \frac{c_{5\mathrm{C}}}{d}S - 2k_2 \frac{c_{2\mathrm{C}}}{d}S - k_3 \frac{c_{3\mathrm{C}}}{d}S \right) \tag{3.6}$$

式中,V_{C} 为电堆内电解液体积;$c_{j\mathrm{C}}$ 和 $c_{j\mathrm{T}}$ 为电堆和储槽内的 V^{j+} 浓度,$j=2$,$3,4,5$;t 为时间;k_j 为 V^{j+} 的透膜扩散系数,$j=2,3,4,5$;F 为法拉第常数;d 为膜厚;S 为膜面积;符号十表示放电,一表示充电。

式(3.3)~式(3.6)等号左边的项表示体积 V_{C} 内电解液浓度随时间的变化,等号右边的 3 项分别表示由电池反应、电解液供给和交叉反应引起的体积 V_{C} 内电解液浓度随时间的变化。即第 1 项 i/F 表示电池反应引起的 V_{C} 内 V^{j+} 的浓度变化,负号表示减小,正号表示增加。放电时 V^{2+} 和 V^{5+} 浓度减少,充电时增多,而 V^{3+} 和 V^{4+} 相反。第 2 项表示由于从储槽到电堆的电解液供给引起的对 V^{j+} 浓度变化的影响。储槽的电解液流入电堆,使充放电时 V^{j+} 的浓度变化减小。第 3 项是交叉放电对 V^{j+} 浓度变化的影响。全钒液流电池内各价钒离子总量由电堆内与储槽内两部分构成。

$$V_C c_{2C} + V_T c_{2T} = \frac{N_2}{N_A}, \quad V_C c_{3C} + V_T c_{3T} = \frac{N_3}{N_A} \tag{3.7}$$

$$V_C c_{4C} + V_T c_{4T} = \frac{N_4}{N_A}, \quad V_C c_{5C} + V_T c_{5T} = \frac{N_5}{N_A} \tag{3.8}$$

式中，V_T 为储槽内电解液体积；N_j 为 V^{j+} 的总量，$j = 2,3,4,5$；N_A 为阿伏伽德罗常量，$N_A = 6.02 \times 10^{23}$。

储槽内电解液的浓度变化可表示为

$$V_T \frac{dc_{2T}}{dt} = -u(c_{2T} - c_{2C}), \quad V_T \frac{dc_{3T}}{dt} = -u(c_{3T} - c_{3C}) \tag{3.9}$$

$$V_T \frac{dc_{4T}}{dt} = -u(c_{4T} - c_{4C}), \quad V_T \frac{dc_{5T}}{dt} = -u(c_{5T} - c_{5C}) \tag{3.10}$$

电解液中各种离子浓度和电池开路电压 E_M 的关系可由 Nernst 方程给出

$$E_M = E^\ominus + \frac{RT}{F} \ln \frac{c_{2T} c_{5T} c_{HT}^2}{c_{3T} c_{4T}} \tag{3.11}$$

式中，$E^\ominus$ 为标准电极电势，V；T 为温度，K；R 为摩尔气体常量，8.314J/(K·mol)。

E_M 本来应该是跨膜的正极电解液与负极电解液之间的电压，但是由于假设电解液在电堆和储槽内瞬间混合，即电堆和储槽内的电解液循环引起的延迟可以忽略不计，并且忽略氢离子浓度对电势变化的影响，考虑氢离子对电极标准电势的影响时

$$E_M = E^\ominus + \frac{RT}{F} \ln \frac{c_{2T} c_{5T}}{c_{3T} c_{4T}} \tag{3.12}$$

如果监控电池由 n 节单电池串联而成，则

$$V_M = n E_M \tag{3.13}$$

单电池端电压可表示为

$$E_M = E^\ominus + \frac{RT}{F} \ln \frac{c_{2T} c_{5T}}{c_{3T} c_{4T}} \mp ir \mp E_{过}(i) \tag{3.14}$$

式中，$E_{过}$ 为过电压。

当电堆由 m 节单电池串联而成时，电堆端电压 V_C 为

$$V_C = m E_M \tag{3.15}$$

以上，建立了全钒液流电池充放电过程模型。

3.3　全钒液流电池并网技术要求

实际工程中，分布式电源的直接并网会对系统稳定性造成显著影响，但

由于电池储能系统具有直流输出的特性,且直流系统不存在相位同步、谐波和无功功率损耗等方面的问题;与此同时,它还具有高效、环保、动态性突出等优点,已然成为发展的趋势。本节着重叙述全钒液流电池的并网技术要求。

3.3.1　并网控制方式

全钒液流电池并网前,为了能够保证电网侧系统的稳定,需要对电池机组提出要求,主要分为电网稳定运行时对全钒液流电池的技术要求、电网故障时对全钒液流电池的要求和电池机组状态与电网监管系统时时连接。

1. 电网稳定状态

考虑到并网对系统的影响,电池接入电网技术标准和规程均对全钒液流电池提出了无功容量及电压控制、有功功率控制等方面的技术要求。

1) 无功容量及电压控制

全钒液流电池的无功配置原则与电压控制要求是所有并网技术规定的基本内容,目的是保证全钒液流电池并网点的电压水平和系统电压稳定。

2) 有功功率控制

基于确保系统频率恒定、防止输电线路过载、确保故障情况下系统稳定的考虑,各国并网技术规定都对全钒液流电池有功功率提出了几种控制要求,包括控制最大功率变化率和在电网特殊情况下限制全钒液流电池的输出功率甚至切除全钒液流电池。部分电池机组并网技术规定还要求其应具有降低有功功率和参与系统一次调频的能力,并规定了降低功率的范围和响应时间,以及参与一次调频的调节系统技术参数。

2. 电网故障恢复状态

由于全钒液流电池无法提供主动励磁,电网发生故障时机端电压难以建立,因此以前电网故障时一般都是采取切除电池机组的方法来处理。随着全钒液流电池接入电网比例的增加,为保证电力系统电力平衡及频率稳定性,在故障时将电池机组切除不再是一个合适的策略,而是要求电池机组能够在系统故障状态下实现低电压穿越,通过提供无功电流注入来帮助系统快速恢复稳定,并保证电池机组在故障清除后能够快速恢复有功功率输出。

3. 机组状态检测

除了电网稳定状态和电网故障恢复的相关问题,并网中还存在一些整体运行控制方面的问题,想要尽可能避免在并网过程中发生意外,就要向电网调度部门提供各个电池机组的实时数据,这也是电力系统调度部门进行系统监测和控制的基础。因此,电池机组也要进行相应的运行监测和数据传输[24]。

3.3.2　性能指标

1) 电能质量

电能质量即电池发出电能的质量,指标包括谐波、电压偏差、电压不平衡度、电压波动和闪变。通过 10(6)～35kV 电压等级并网的电池应在公共连接点装设满足《电能质量监测设备通用要求》(GB/T 19862—2016)要求的 A 级电能质量在线监测装置,电能质量监测历史数据应至少保存一年。GB/T 19862—2016 的 A 级电能要求:所发出的电压误差小于 0.1%,频率误差小于 0.01Hz,三相电压负序不平衡度小于 0.15%,三相电流不平衡度小于 1%,闪变小于 5%。

2) 功率控制和电压调节

有功功率:通过 10(6)～35kV 电压等级并网的电池应具有有功功率调节能力,输出功率偏差及功率变化不应超过电网调度机构的给定值,并能根据电网频率值、电网调度机构指令等信号调节电源的有功功率输出。

无功功率:电池参与电网电压调节的方式可包括调节无功功率、调节无功补偿设备投入量以及调整电源变压器变比。根据电网调度机构的给定值确定调节范围与能力。

3) 启停

当并网电网侧的频率或电压偏差超出《电能质量 电力系统频率偏差》(GB/T 15945—2008)和《电能质量 供电电压偏差》(GB/T 12325—2008)规定的范围时,电池电源不宜启动,并且电池启动时不应引起公共连接点电能质量超出规定的范围。通过 10(6)～35kV 电压等级的电池启动停止时应执行电网调度机构的指令。其中,规定的频率偏差小于 0.5Hz,供电电压偏差小于 7%。

4) 运行适应性

电池并网点稳态电压在标称电压的 85%～110% 时,应能正常运行。当电池并网点频率在 49.5～50.2Hz 范围时,电池应能正常运行。当电池并网点的电压波动和闪变值满足《电能质量 电压波动和闪变》(GB/T 12326—2008)、谐波值满足《电能质量 公用电网谐波》(GB/T 14549—1993)、间谐波值满足《电工电子产品环境试验 第 2 部分:试验方法 试验 L:沙尘试验》(GB/T

2423.37—2006)、三相电压不平衡度满足《电能质量 三相电压不平衡》(GB/T 15543—2008)的要求时,电池应能正常运行。其中,规定的电压波动小于3%;闪变小于1%;谐波电压畸变率小于3.0%;谐波电流允许基本短路容量大于250MV·A;三相电压负序不平衡度小于2%,短时应小于4%。

3.4　全钒液流电池检测方法

在全钒液流电池并网之前,需要先经过检查,以确保电池合格,再用到实际的生产中。本节将介绍全钒液流电池的检测方法和电池并网过程中的各个参数检测。

3.4.1　电池单体出厂性能检测

首先应该明确要检测的全钒液流电池的性能,也就是充电性能和放电性能。影响全钒液流电池充放电性能的因素有很多,如电解液的浓度、泵提供的流速、电池运行时的环境和温度、电池内部流场结构以及试验操作人员的试验规范性等。因此,试验中采用控制变量法,在确定其他影响因素不变的情况下,得到的试验结果符合我们的预期,就可以说电池是可以正常使用并且符合并网条件的[25]。

1. 检测环境条件

温度:20～50℃;空气湿度:5%～95%。

2. 检测前准备

在检测前需进行气密性检查,所有用于单电池内外漏检查的材料均应与管路及电池组件相匹配。单电池在测试台安装完成后,用惰性气体对单电池、管路、测试台进行气密性检查。

3. 检测方法

把所有的输入参数定为设定值。检测过程中需记录电池电压、充放电安时容量和充放电瓦时容量。从检测结果计算出电池的库仑效率(Coulomb efficiency,CE)、能量效率(energy efficiency,EE)和电压效率(voltage efficiency,VE)。按照如下步骤检测单电池的充放电特性曲线:

(1) 设定恒定电流,并设定充电截止条件和放电截止条件。

（2）开启电解液输送泵及充放电测试仪。

（3）将单电池充电至充电截止条件。

（4）将单电池以恒定电流进行放电直到满足放电截止条件。

（5）记录单电池的电池电压-时间曲线、充电安时容量-时间曲线、放电安时容量-时间曲线、充电瓦时容量-时间曲线、放电瓦时容量-时间曲线。

（6）重复步骤（3）～（5）至少6次。

单电池库仑效率 η_C 为

$$\eta_C = \frac{\bar{A}_d}{\bar{A}_c} \times 100\% \tag{3.16}$$

式中，$\bar{A}_d$ 为第 2～6 个循环的放电平均安时容量；$\bar{A}_c$ 为第 2～6 个循环的充电平均安时容量。

单电池能量效率 η_E 为

$$\eta_E = \frac{\bar{E}_d}{\bar{E}_c} \times 100\% \tag{3.17}$$

式中，$\bar{E}_d$ 为第 2～6 个循环的放电平均瓦时容量；$\bar{E}_c$ 为第 2～6 个循环的充电平均瓦时容量。

单电池电压效率 η_V 为

$$\eta_V = \frac{\eta_E}{\eta_C} \times 100\% \tag{3.18}$$

以此得到的库仑效率、能量效率和电压效率如果均能达到实际应用的技术标准，则说明电池性能良好，可以投入使用。

3.4.2　储能电池并网参数测试

为了减少开关合闸时两侧电压不同步带来的电磁冲击，进行并网合闸前，需根据当前的状态进行同步判断。首先分别采集电网和电池两侧的电压信息，进而根据所采集的电压，分别计算开关两侧的电压幅值、频率和相位差，并根据偏差信号调整电池机组的电压幅值和频率；由于频率差将导致相位周期变化，在对开关两侧电压不断采集和计算的过程中，根据两侧的偏差进行同步条件判断。

在整个并网合闸的预同步过程中，需要不断地比较开关两侧电压的幅值、频率和相位这三个判断条件，电力现场做法是从电压采样值中分别获得当前时刻的幅值、频率和相位,通常采用全波傅里叶等经典算法计算幅值;频率和相位往往还增加波形整理环节,将电压的正弦波形通过比较器整理成矩形波,再通过计数器和比较器获得频率和相位。由于现场数据容易受到噪声干扰,不容易通过波形的过零点准确获得相位,一般还需要借助锁相环等技术。

电能质量检测能够完成人机交换、数据检测、负载调节命令下发、短路模拟命令下发、电能质量监测。检测平台的核心硬件包括后台机、控制器和电能质量在线监测仪。设置直流电压测试点和交流电压测试点以及电能质量监测点,利用电能质量在线监测装置,实现对系统输出电压与电流的谐波、电压偏差、电压波动和闪变、电压不平衡、频率偏差、功率因数等进行检测、记录分析,从而对发电系统进行电能质量检测。

3.5　电池的低温启动特性

3.5.1　电池低温启动问题

在实际应用过程中,液流电池往往建造于偏远恶劣的环境,如偏远的孤岛、远离市区等地。其中很多液流电池系统直接置于室外环境中或没有保温设施的电池室中。而在温度较低或纬度较高的地域,液流电池可能会长期处于较低的环境温度下。而根据上级电力调度要求,液流电池需要进行频繁的停机、启动、停机、再次启动的反复情况。当停机后的液流电池处于较低的环境温度时,其接收到再次启动的指令后,在液流电池启动初期,温度过低导致电解液黏度增大,电解液流动阻力随之增大,而循环泵带动电解液循环流动所产生的热量不足以使电解液温度快速升高到适宜的运行温度,从而导致液流电池的浓差极化和电极极化大幅度增加。以上因素的存在严重影响了电池快速启动能力以及稳定、持续、高效地运行,使启动初期电池容量和输出功率进一步降低,启动时间延长。

现有技术解决以上问题常采用的手段是,液流电池启动初期以小电流开始充放电,利用充放电过程产生的热量来逐渐提高电解液温度,但是这种方法使液流电池达到额定运行状态的时间过长,并且由于一直处于小功率或小电流运行,正负极电解液中有大量的活性物质透过离子传导膜形成自放电,从而导致电能被大量消耗。目前,尚未有一种方法和系统能够有效解决因液流电池初始运行温度较低而带来的低温启动困难甚至无法启动的难题[26]。

3.5.2　电池低温启动效率

电池效率,也就是库仑效率,表达的是电池放电容量与同循环过程中充电容量之比。能量效率表达的是对外输出之功与能量材料消耗能量之比,为输出电能总量(即可以做有用功)与电池输入电能总量之比。电压效率是电解反应的理论分解电压与电化学反应器工作电压之比,电压效率的高低可以反映电极过程的可逆性,即通电后由极化产生的过电压高低也综合反映了电化学反应器的性能优劣,即反应器各组成部分的欧姆压降。它们三者反映了电池效率,在研究低温启动时效率是首要的考虑因素。

一般情况下,电解液罐为直立圆柱体,电堆为长方体。管道和电堆由聚丙烯材料做成,具有良好的绝热效果,因此不考虑管道、电堆与空气之间的热对流。假设 t_m 为 300K,标准大气压下空气的物性参数为

$$\begin{cases} C_{\mathrm{p}} = 1.005 \times 10^3 \mathrm{J/(kg \cdot K)} \\ \mu = 18.45 \times 10^{-6} \mathrm{Pa \cdot s} \\ \lambda = 0.02624 \mathrm{W/(m \cdot K)} \\ \rho = 1.177 \mathrm{kg/m^3} \end{cases} \tag{3.19}$$

式中,C_{p} 为电解液的比热容;μ 为动力黏度;λ 为电解液的导热系数;ρ 为电解液的密度。

瑞利数 Ra 的计算公式为

$$Ra = \frac{g C_{\mathrm{p}} \beta \rho^2 D^3 \Delta T}{\mu \lambda} \tag{3.20}$$

式中,g 为重力加速度;β 表示电解液的体积热膨胀系数;D 表示特征尺寸;ΔT 表示温度差。

对于自然对流,努塞特数 Nu 的计算公式为

$$Nu = C(Ra)_m^n \tag{3.21}$$

式中,C、n 为实验室常数,取值与电解液的对流类型及管道的几何形状有关;m 表示定性温度的边界层流体的平均温度。

空气与缸壁的温度差为 ΔT_1。通常全钒液流电池罐为圆柱体,对于直立圆柱体的侧面,特征尺寸 D 为圆柱体高度,可以根据式(3.20)和式(3.21)求得其 Ra 及 Nu。对于圆柱体的上下两个平面,特征尺寸 D 等于截面面积除以其表面周长,同样可以求得其 Ra 和 Nu。

同理,电解液与缸壁的温度差为 ΔT_2,可以求得电解液与缸壁的自然对流换热系数。

通过上面的分析可知,环境温度恒定的情况下,电堆的温度与自然对流换热系数、充放电电流以及电解液流量密切相关。而电解液罐的自然对流换热系数取决于电池的尺寸和环境温度。因此,通过合理设置全钒液流电池系统尺寸并且控制电堆温度,可以减少电池能量的损失,提高全钒液流电池系统的效率。下面是几种影响全钒液流电池系统效率的因素。

图 3.3(a)给出了不同温度下,电池库仑效率随电流密度的变化情况。可以看出,同一温度下,随着电流密度的增加,库仑效率增大,且在高温下增加量明显;在同一电流密度下,随着温度升高,库仑效率逐渐减小。在环境温度为 20～50℃时,电池可以在 40～200mA/cm² 的电流密度下正常充放电;在 10℃时,电池在 40～180mA/cm² 的电流密度下能正常充放电;在 0℃时,电池在 40～160mA/cm² 的电流密度下能正常充放电;在 -10℃时,电池在 40～120mA/m² 的电流密度下能正常充放电;在 -20℃时,电池在 40～100mA/cm² 的电流密度下能正常充放电。图 3.3(b)、(c)分别给出了全钒液流电池电压效率和能量效率的温度特性。可以看出,电压效率和能量效率随温度和电流密度的变化规律与库仑效率相反,如在同一温度下,电压效率随电流密度增加而减小,在同一电流密度下,电压效率随温度升高而逐渐增大。

图 3.4(a)给出了不同温度下,电流密度为 80mA/cm² 时全钒液流电池的充放电曲线,可以看出,随着温度的升高,电池的充电起始电压降低、放电起始电压升高,放电时间增加,充放电容量增大。图 3.4(b)比较了不同温度下全钒液流电池的自放电曲线,可以看出,随着温度降低,自放电起始电压升高、自放电时间增加,在 -20℃时,在自放电过程中,负极电解液结冰,说明在此电解液浓度下,全钒液流电池在 -20℃的环境下不能长期稳定运行。图 3.4(c)给出了不同电流密度下电池能量效率随温度的变化曲线,可以看出,不同电流密度下,全钒液流电池能量效率随着温度升高,呈现出先增加后降低的趋势,其中电流密度在 40mA/cm² 时,能量效率在 10℃时最高,其他所有电流密度下能量效率在 30℃时最高。

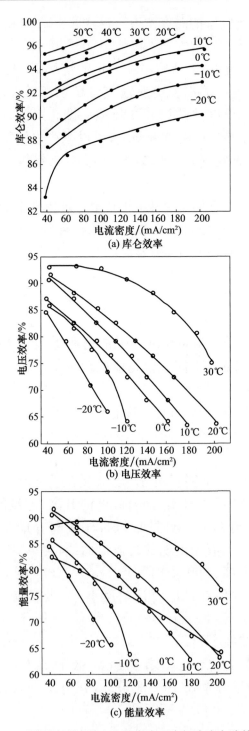

图 3.3　不同温度和充放电电流密度下全钒液流电池的性能

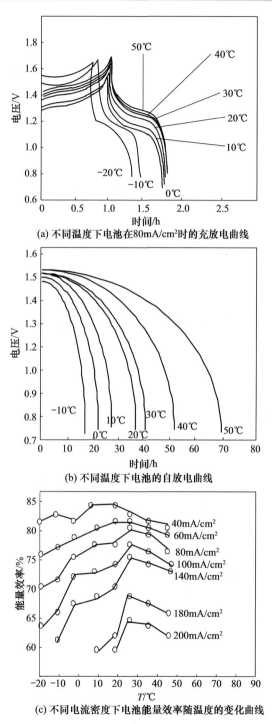

(a) 不同温度下电池在80mA/cm²时的充放电曲线

(b) 不同温度下电池的自放电曲线

(c) 不同电流密度下电池能量效率随温度的变化曲线

图 3.4 不同条件下全钒液流电池的充放电特性曲线

3.5.3　电池低温快速启动方法

在实际应用中,实现全钒液流电池系统低温快速启动,首先需要检测正极储罐内的电解液温度和负极储罐内的电解液温度并判断是否低于设定的温度阈值;其次把所得到的信息传送给全钒液流电池系统启动和功率调度控制器,所述功率调度指令中含有全钒液流电池系统输入或输出功率的指定时间;最后将全钒液流电池系统启动时间与所述指定时间之间的时间间隔与预设时间间隔进行比较,判断是否符合电网需求。

低温环境下全钒液流电池系统启动控制框图如图 3.5 所示。通过加热系统,对正极储罐内的电解液和负极储罐内的电解液进行加热。还需根据所述时间间隔大于等于预设时间间隔的比较结果,控制正极储罐与电堆之间连接断开、控制负极储罐与电堆之间连接断开、控制第一管路和第二管路接通,使正极储罐内的电解液经由正极电解液出口、第一管路和正极电解液入口直接回到正极储罐,使负极储罐内的电解液经由负极电解液出口、第二管路和负极电解液入口直接回到负极储罐,并控制加热系统对正极储罐内的电解液和负极储罐内的电解液进行加热,同时根据全钒液流电池系统启动时间与所述指定时间之间的时间间隔以及预设电解液温度与所监测的当前电解液温度之间的差值来调节加热系统的加热功率,然后当正极储罐内的电解液温度或负极储罐内的电解液温度达到预设电解液温度时,控制全钒液流电池系统启动。

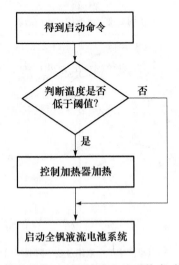

图 3.5　低温环境下全钒液流电池系统启动控制框图

3.6　电池的充放电特性

由于化学电池内部反应的复杂性,人们在不断提高电池本身性能的同时,也在不断地研究和发展电池的使用和管理技术,以充分发挥电池的性能,提高电池效率及使用寿命,保障电池储能系统运行的安全性。随着电池电子技术的不断发展与应用,电池的应用、监控和管理已经成为电池应用不可缺少的关键技术[27]。尤其对于大规模储能技术,电池管理系统对保证电池系统、模块、单体电池的性能稳定及安全至关重要,已成为大规模储能技术开发的重点之一。

3.6.1　电池的充放电过程复杂性分析

电池的充放电过程是一个复杂的电化学变化过程,其复杂性表现如下。

1) 多变量

影响电池充放电的因素很多,单体电池内阻、电解质溶液浓度、充放电环境温度等都对电池充放电具有直接的影响。

2) 非线性

一般而言,不能只用简单的恒流或恒压控制充放电全程,充放电电流经常在末期发生非线性变化。

3) 单体电池间的不一致性

即使是同一类型、同一容量的电池,随着各自使用时充放电历时不同,剩余电量也不一样,充放电能力有很大差异。由于功率容量的需求,电池在使用过程中由于各单体电池之间存在不一致性,连续的充放电循环导致的差异将使某些单体电池容量加速衰减,串联电池组的容量是由单体电池的最小容量决定的,同时也导致电池系统的寿命缩短。

上述复杂性都对电池管理系统提出更高要求,因此电池管理系统处于电池系统监控运行和保护关键技术中的核心地位,它不仅能够有效延长电池的使用寿命,还可以保护电池不受损害,避免事故的发生。

3.6.2　电池的充电与放电特点分析

采用液流电池试验测试平台,测试了全钒液流电池的充放电特性,分析了电流密度、电解液浓度和反应物流量对电池充放电特性、库仑效率、电压效率和能量效率的影响。分析发现电解液浓度主要通过影响电解质中活性物质的数量和各价态钒离子的劲度来影响电池的性能，为全钒液流电池操作参数的优化提供重要参考。

　　测试中分别对充电过程和放电过程做记录，充电过程和放电过程中都需要预先设置截止电压。充电时，需要保证每次充电之前，电解液中所含电量相同；放电测试交流阻抗时，由于全钒液流电池的交流内阻随荷电状态的增加而减小，需保证每次测量交流阻抗之前，电池达到相同的荷电状态。

　　图 3.6 为电流密度对全钒液流电池充放电特性的影响。试验中电解液的浓度为 2mol/L，温度为 298K。从图中可以看出，①充电时，全钒液流电池电压随着时间上升；充电电流密度越大，达到充电截止电压需要的时间就越短。这是由于电流密度越大，充电时电能转化为化学能的速度越快，正极电解液中 VO_2^+ 和负极电解液中 V^{2+} 的浓度上升越快，电池电压上升越快。②放电时，电池电压随着时间降低；放电电流密度越大，全钒液流电池开始电压越小，放电达到放电截止电压所需要的时间越短。这是由于放电电流密度越大，化学能转化为电能的速度越快，正极电解液中 VO^{2+} 和负极电解液中 V^{3+} 的浓度上升越快，电池电压降低越快。此外，增大电流密度可以降低电池的自放电和减少电池副反应的发生，从而减少全钒液流电池的充放电时间。

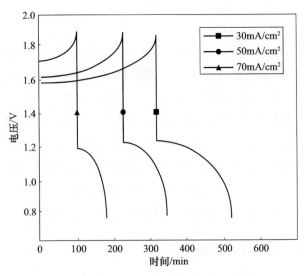

图 3.6　电流密度对全钒液流电池充放电特性的影响

图 3.7 为电解液浓度对全钒液流电池充放电特性的影响。试验中充放电电流密度为 50mA/cm²,温度为 298K。从图中可以看出,①充电时,电解液浓度越大,达到充电截止电压所需要的时间越短。这是由于在充分的电流密度条件下,电解液浓度越大,有越多的 VO^{2+} 经过正极变为 VO_2^+,电解液中 VO_2^+ 的浓度上升越快;在负极,电解液浓度越大,有越多的 V^{3+} 经过正极变为 V^{2+},电解液中 V^{2+} 的浓度上升越快。②放电时,电解液浓度越大,放电开始时电池电压越大,电池电压降低到放电截止电压所需要的时间越短。这是因为在电流密度充分的条件下,电解液浓度越大,有越多的 VO_2^+ 经过正极变为 VO^{2+},电解液中 VO^{2+} 的浓度上升越快;在负极,电解液浓度越大,有越多的 V^{2+} 经过正极变为 V^{3+},电解液中 V^{3+} 的浓度上升越快。增大电解液浓度,单位体积内参加电化学反应的活化分子数增加,在电解液体积一定的情况下,电池的充放电时间缩短。增加电解液浓度,电解液的劲度增加,电导率减小,电池的容量减小,所以电池的充放电时间缩短。

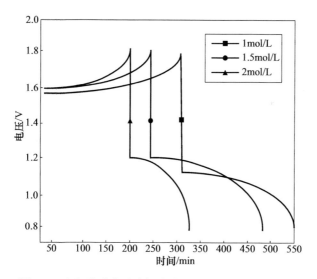

图 3.7　电解液浓度对全钒液流电池充放电特性的影响

图 3.8 为反应物流量对全钒液流电池放电特性的影响。试验中电解液的浓度为 1mol/L,温度为 298K。从图中可以看出,电池放电电流密度增大,电池的电压将降低;反应物流量越大,电池性能越好;当反应物流量为 5mL/min 和电流密度较大时,电池性能曲线出现明显的浓差极化现象,主要是由石墨毡电极表面的反应物与体相反应物的浓度差异引起的,

此时电压由于传质造成的损失占主要部分。说明电极反应消耗离子的速度高于电解液流动带入离子的速度。当反应物流量高于 10mL/min 时，全钒液流电池的电流密度几乎和电压呈线性关系，没有出现浓差极化现象。

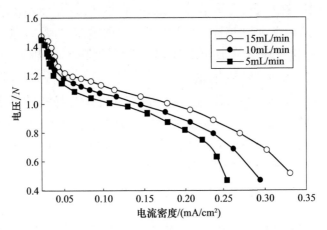

图 3.8　反应物流量对全钒液流电池放电特性的影响

　　图 3.9 为电解液浓度对全钒液流电池充放电库仑效率的影响，试验温度为 298K。从图中可以看出，电池的库仑效率随着充放电电流密度的增大有所提高，这是因为充放电电流密度越大，充放电时间相对缩短，在电极上发生副反应的时间减少，电池由于自放电造成的电荷损失越少。而且，升高电解液的浓度，库仑效率也显著提高。这是由于电解液浓度的提高可以增加电池电解液中的活性物质。但是电解液浓度越高，电解液的黏度也会增大，会导致电池传质阻抗增加。

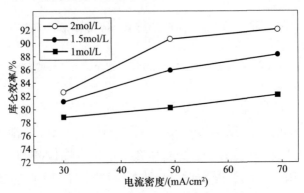

图 3.9　电解液浓度对全钒液流电池充放电库仑效率的影响

图 3.10 为电解液浓度对全钒液流电池充放电电压效率的影响,试验温度为 298K。从图中可以看出,电压效率随充放电电流密度的升高而降低,主要是因为电流密度过大时在电极上充放电会伴随着副反应的发生,如析氧、析氢等反应,造成电极过程恶化。而且,电解液浓度越高,电压效率也越高。

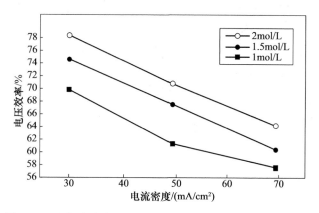

图 3.10　电解液浓度对全钒液流电池充放电电压效率的影响

图 3.11 为电解液浓度对全钒液流电池充放电能量效率的影响,试验温度为 298K。从图中可以看出,能量效率随电流密度的升高而降低,大电流密度下能量密度降低更为显著。这是由于在大电流密度下充放电时,电极的极化过程更为严重,并会伴随副反应的发生,所以能量效率随充放电电流密度的增加而减小。而且,电解液浓度越高,全钒液流电池能量效率越高。这是因为电解液浓度越高,其中的活性物质越多。

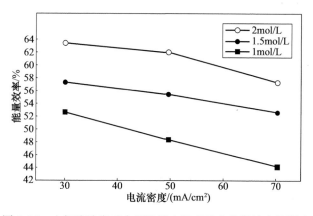

图 3.11　电解液浓度对全钒液流电池充放电能量效率的影响

3.6.3　电池的充放电管理系统功能

电池充放电管理系统是由计算机、监测部分等构成的装置,它对电池组和电池单元运行状态进行动态监控,精确测量电池的剩余电量,同时对电池进行充放电保护,使电池系统工作在最佳状态,提高电池系统可靠性,达到延长其使用寿命、降低运行成本的目的。通常,电池管理系统要实现以下几个功能。

1) 准确估测电池系统的荷电状态

荷电状态表示电池系统的剩余电量状态。荷电状态对各种类型电池系统及储能系统能量管理来说,是一个关键参数。通过控制荷电状态在合理的范围内,可防止电池系统过充电或过放电而造成对电池系统的损伤,还可以根据荷电状态值准确预报电池系统还剩余多少能量,还可以充多少能量,从而为储能系统的能量管理及调度提供依据。因此,要求电池管理系统具有较高的荷电状态测量精度。

2) 动态监测电池组、电池单元的工作状态

在电池系统充放电过程中,电池管理系统要实时采集电池组中电池单体或电堆的端电压和温度、充放电电流及电池组总电压,防止电池发生过充电或过放电现象。同时对电池状况做出判断,挑选出有问题的电池,保持电池组、电池单元运行的可靠性和高效性。另外,电池管理系统要建立电池系统数据库,为分析存在的问题、进一步优化和开发更加完善合理的电池系统提供离线数据。

3) 均衡功能

电池管理系统的均衡功能主要是针对锂离子电池、钠硫电池及其他类型固态电池。固态单体电池不一致性问题及在规模储能状况下电量单体的串并联,使得其在充放电过程中部分单体电池可能出现过充电和过放电,如果不采取均衡充电管理技术,这种不平衡趋势会更加恶化,极易导致电池出现短路、燃烧和爆炸的危险。

对于全钒液流电池,由于其活性物质在运行过程中始终处于循环流动状态,保证了每节单电池内部流过的活性物质都处于同一荷电状态下,避免了单电池单体电压出现不一致的现象。因此,全钒液流电池系统的电池管理系统不需要单体电池间的均衡功能。这是全钒液流电池储能技术区别于其他类型固态电池技术的特点之一,简化了电池管理系统功能,降低了电池管理系统复杂程度,电池管理系统设备成本也大幅度降低,提高了电池系统

运行的可靠性和安全性。

　　单体电池实现均衡充放电,使电池组中各个电池达到均衡一致的状态,是目前全世界正在致力于研究与开发的一项电池能量管理关键技术。

　　4) 实现与就地监控及能量管理系统协调运行

　　大规模储能系统应用于电力系统,根据电力系统不同需求,接受能量管理系统调度。不同于电动车用动力电池的电池管理系统,电池储能系统所配置的电池管理系统除了要监控电池系统状态,保证电池系统安全运行之外,另一个重要的功能是要实现与就地监控或能量管理系统的通信联系,上传电池系统实时状态,尤其是荷电状态,为能量管理系统进行能量管理提供数据支撑和快速响应。

第4章　全钒液流电池储能系统并网功能分析

本章对全钒液流电池储能系统并网时的功能进行分析。首先介绍全钒液流电池储能系统如何参与平抑风电功率波动,从平抑风电功率波动的原理、与风电配合方式、平抑风电功率的控制策略及电池储能能量管理方面进行详细分析;以辽宁省卧牛石风电场和全钒液流电池储能示范工程为实例进行平抑风电功率波动分析。其次对全钒液流电池储能系统优化电网峰谷差进行分析,根据电网的调峰需求,对全钒液流电池储能系统提高低谷时段的风电消纳能力进行计算,从而建立全钒液流电池储能系统削峰填谷控制策略。最后对全钒液流电池储能系统调频特性进行分析,根据系统调频需求,并结合全钒液流电池储能系统的调频特性,研究全钒液流电池储能系统参与电网一次调频、二次调频的过程,并以伊敏—穆家直流输电线路为实例进行分析。

4.1　全钒液流电池储能系统平抑风电功率波动

风能是一种具有间歇性、波动性的能源,在大型风电场并网运行后,其输出功率的波动将会给整个电力系统运行的安全性、稳定性和经济性带来负面的影响。为了保证供电可靠性和系统的安全稳定性,必然对风电接入电网的规模进行限制。电池储能系统可以应用于对风电场输出功率的平滑抑制,使得风力发电机组可以作为可调度的机组进行运行。风电场通过电池储能系统进行能量转换,不仅可以提高风电场输出电能的质量,而且可以增加风电场运行的经济效益,进而提高风电场在电力市场的竞争力,促进我国风力发电事业的快速发展。

4.1.1　全钒液流电池储能系统平抑风电功率波动的原理

1. 全钒液流电池储能系统平抑风电功率波动的基本原理

全钒液流电池储能系统平抑风电功率波动是指原来波动性较大的风电场的总功率加上电池储能系统的输出功率(全钒液流电池储能系统的功率输出包括电能的释放和吸收,释放时其功率为正,吸收时其功率为负)后联

合功率的曲线变得平滑。此时注入电网的功率是风电场的风力发电机组输出功率与电池储能系统的充放电功率之和,即

$$P_g = P_w + P_{ESS} \tag{4.1}$$

式中,P_g 为输出到电网的功率;P_w 为风力发电机组的输出功率;P_{ESS} 为全钒液流电池储能系统的充放电功率,充电时为负,放电时为正。因此,电池储能系统在平抑风电功率波动时只需调节电池储能系统的充放电功率即可。

全钒液流电池储能系统可以实时调整并跟踪风电场的总功率,使全钒液流电池储能系统在风电场功率曲线尖峰时刻吸收功率,在功率曲线低谷时刻输出功率。

平抑风电功率波动控制一般采用可变时间常数的一阶滤波控制,依据全钒液流电池储能单元的充放电功率指令对滤波时间常数进行实时调整。并且,引入风力发电机组启停辅助控制,减小风力发电机组启停时功率的瞬时变化对电网的冲击。在风力发电机组将要启动并网时,提前释放部分能量,保证全钒液流电池储能系统在风力发电机组并网时能吸收功率,减缓功率的上升;在风力发电机组将要停机时,提前储存部分能量,保证全钒液流电池储能系统在风力发电机组停机时能释放功率,减缓功率的下降。

2. 全钒液流电池储能系统平抑风电功率波动的系统构架

全钒液流电池储能系统的容量配置、平抑波动控制算法和能量管理方法是构建电池储能系统的重要内容,并且三方面相互联系、相互影响。全钒液流电池储能系统平抑风电功率波动的系统构架如图 4.1 所示,平抑波动控制算法依据实时的风电功率数据和电池储能系统的能量状态得到全钒液流电池储能系统需要补偿的功率指令。

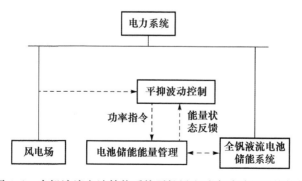

图 4.1　全钒液流电池储能系统平抑风电功率波动的系统构架

电池储能系统的能量管理是基于电池储能系统能量状态的反馈机制，避免全钒液流电池储能系统的过充电和过放电，同时可对多单元的全钒液流电池储能系统进行管理。经过电池储能系统的功率补偿，风力发电机组和全钒液流电池储能系统的总输出功率波动得到平抑。

4.1.2　全钒液流电池储能系统与风电的配合方式

目前，国内的风电场一般以变速恒频的双馈风力发电机型为主。本节利用双馈风力发电机型，说明全钒液流电池储能系统可以平抑风电功率波动。配置全钒液流电池储能系统的目的是平滑风力发电机组的输出功率，它可以和单台风力发电机组配合，也可以和多台风力发风机组配合。

1. 全钒液流电池储能系统与单台风力发电机组配合

全钒液流电池储能系统与单台风力发电机组配合的连接方式有两种，可以在风力发电机变频器的直流母线上连接全钒液流电池储能系统，也可以通过专门的 AC/DC 变换器在风力发电机组输出端连接全钒液流电池储能系统。

如图 4.2 所示，通过 DC/AC 转换器使全钒液流电池储能与双馈异步风力发电机组（doubly fed induction generator，DFIG）的直流母线相连，利用风力发电机组原有的控制来调控功率，达到平抑风力发电机组输出功率的目的，这种配置连接方式利用了风力发电机组原有的控制，节省了专门的电池储能控制系统[28]。

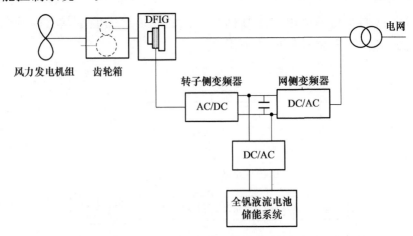

图 4.2　单台风力发电机组直流母线上连接全钒液流电池储能系统

如图 4.3 所示,在风力发电机组的输出端连接全钒液流电池储能系统,利用 AC/DC 变换器使全钒液流电池储能系统与风力发电机组的输出端口相连。配合风力发电机组的输出功率,通过 AC/DC 变换器对功率的解耦控制,实现总输出功率的平滑。这种连接方式不改变风力发电机组原有的结构、控制和功率流动。

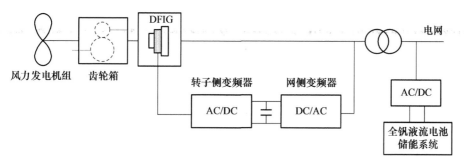

图 4.3　单台风力发电机组输出端连接全钒液流电池储能系统

2. 全钒液流电池储能系统与多台风力发电机组配合

将全钒液流电池储能系统与风电场或多台风力发电机组的汇流母线连接,是大容量、长时间级储能的配置方法,连接方式如图 4.4 所示,风电场母线上通过 AC/DC 变频器与全钒液流电池储能系统相连,通过变频器控制电池储能系统充放电状态。这种风电场母线上直接连接电池储能系统的配置方式,不会改变风电场现有机组的现状。并且由于风电场各个机组分布在不同的地域,在输出功率方面有一定的互补性,这种电池储能系统配置方式的总容量会比相同台数的风力发电机组、单机配置电池储能系统的总容量要小,平抑风电功率波动的效果更加明显[29]。

4.1.3　全钒液流电池储能系统平抑风电功率波动的控制策略

风电功率波动的平抑是将风电的输出功率与电池储能系统输出功率叠加后的联合功率输送到电网。因此,平抑风电功率,需要设置相应的控制目标,即需要对电池储能系统的充放电功率进行控制。全钒液流电池储能系统的控制策略是以 AC/DC 变换器解耦控制为基础,利用合理的方法选取控制目标,确定电池储能系统控制容量。通过分析不同频段的风电功率波动对电网的影响,将功率波动的频率分成了高、中、低三个区域,

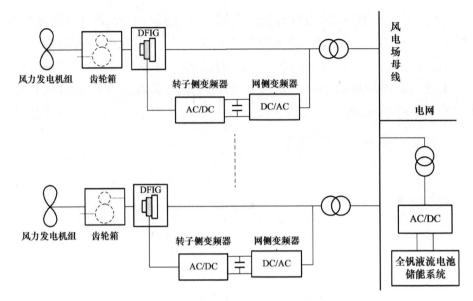

图 4.4　多台风力发电机组与全钒液流电池储能系统配合结构图

分析区域功率平抑的方法,确定全钒液流电池储能系统平抑的风电功率波动频率范围。通过对风电功率波动的频域分析,提出基于低通滤波器的电池储能系统控制策略,并根据平抑时间常数和最大波动功率,进行电池储能系统容量优化配置。

1. 风能波动的频率范围

由于风电功率波动在频域的各个频段中分布广泛,并网后对电力系统的影响也不同,并且确定要平抑的频段范围对控制目标的取得至关重要。

引入传递函数 $G(s)$,其物理意义可以理解为风电功率波动对整个系统频率的影响。

$$G(s) = \frac{\Delta\omega_g}{\Delta P_e(s)} \tag{4.2}$$

式中,$\Delta\omega_g$ 为以基频为基准的频率偏差;$\Delta P_e(s)$ 为风力发电机产生的净功率波动。

通过仿真可以得到三台风力发电机组系统传递函数 $G(s)$ 的伯德图,如图 4.5 所示。将传递函数按照频率范围分为 A、B 和 C 三个区域,其中 B 区域的值最大,这说明 B 区域的功率波动对电力系统的影响最严重。

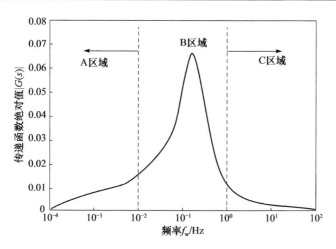

图 4.5　三台风力发电机组系统传递函数 $G(s)$ 的伯德图

从风电功率角度分析,由于风力发电机组本身转子惯量的存在,风速的高频率波动部分被转子惯量吸收,不会反映在风电功率上,如图 4.5 中的 C 区域所示,频段范围为 1Hz 以上的影响很小。而 A 区域的频率范围为 0.01Hz 以下,这部分功率的波动速度较慢,电网中的自动发电控制(automatic generation control,AGC)的响应速度完全可以跟随,为了确保可靠的补偿,将频率范围界限降低为 0.01Hz,因此这部分功率波动大部分被 AGC 补偿。由图 4.5 可知,B 区域频率段(0.01~1Hz)的风电功率波动对电网的影响最大,因此这部分的功率波动需要全钒液流电池储能系统来平抑。

2. 平抑风电功率波动的控制目标

在忽略损耗的条件下,风机输出风电功率与电池储能系统吸收功率及向电网注入功率之间的关系满足式(4.1)。

P_{ESS} 对应图 4.5 中功率波动 B 区域的功率,可通过高通滤波器得到

$$P_{ESS} = \frac{\tau s}{1 + \tau s} P_w \tag{4.3}$$

式中,P_w 为风力发电机组的输出功率;$\tau s/(1+\tau s)$ 为高通滤波器;τ 为时间常数,$\tau = \pi f_c/2$,其中 f_c 为截止频率,对应 A 区域和 B 区域的边界频率 0.01Hz。

P_g 对应图 4.5 中 A 区域的功率：

$$P_g = \frac{1}{1+\tau s} P_w \qquad (4.4)$$

式中，$1/(1+\tau s)$ 为低通滤波器；τ 为时间常数，和式(4.2)中的相同。

3. 针对风电功率的全钒液流电池储能系统容量配置

全钒液流电池储能系统容量配置的大小，既会影响电池储能系统的经济性，又会影响电池储能系统的风电功率平抑效果。式(4.3)中 τ 为时间常数，τ 的设计必须能够使储能单元有效地平抑风电功率波动，因此，τ 的取值越大，平抑效果越显著，然而对储能装置的投资成本也将大幅提高，平衡平抑效果与投资成本之间的关系是 τ 值设计的关键。风场风电输出功率中的波动分量由储能装置吸收，而全钒液流电池的存储容量 E_{VRFB} 在 s 频域中的表达式为

$$E_{VRFB}(s) = \frac{1}{s} P_{VRFB}(s) = \frac{1}{s} \frac{\tau s}{1+\tau s} P_w(s) = \frac{\tau}{1+\tau s} P_w(s) \qquad (4.5)$$

变换到时域中，$E_{VRFB}(s)$ 的表达式为

$$E_{VRFB}(t) = e^{-t/s} P_w(t) = \int_0^t e^{-t/s} P_w(t-u) du \qquad (4.6)$$

在任何时候风电场的有功输出总是介于 $0 \sim P_{w,max}$，因此 E_{VRFB} 的上下限可以表达为

$$0 < E_{VRFB}(t) \leqslant \int_0^t \tau e^{-t/s} P_{w,max} du \leqslant \tau P_{w,max} \qquad (4.7)$$

考虑到极限情况，电池储能系统容量设计时，其 $P_{w,max}$ 为以低通滤波器输出目标为平衡位置的功率最大峰值，可以通过风电功率预测确定；因此 τ 的选择将决定储能容量，且由 $\tau = \pi f_c/2$ 可以得到时间常数的最小值[29]，f_c 为功率波动中中频区和低频区的截止频率。

按照全钒液流电池储能系统的功率极限和容量，甚至可以平抑小时级的功率波动，因此时间常数 τ 也可以选取小时级，这时全钒液流电池储能系统容量将会更大。

4.1.4　全钒液流电池储能系统平抑风电功率波动的能量管理

风电功率波动平抑控制策略解决的是如何将风电功率波动平抑到满足波动限制指标的问题。而在实际应用中，由于风电功率变化的不确定性，配置的电池储能系统功率和容量未必能够完全满足平抑控制的需要。电池储

能系统剩余能量过高时,无法满足充电指令,过低时无法满足放电指令。另外,对于电池储能系统,过充电和过放电也会影响其使用寿命。因此,电池储能系统的实时能量管理也是应用于风电功率波动平抑的重要内容。

根据全钒液流电池储能系统在平抑波动方面的一般应用形式,可将全钒液流电池储能系统的能量管理分为两个层面,即全钒液流电池储能系统的能量管理和全钒液流电池储能系统内部各单元之间的能量协调管理。

全钒液流电池储能系统的能量管理的重点在于完成平抑波动指令与减少过充电和过放电之间的协调平衡。通过引入储能能量状态的反馈控制,动态调整电池储能系统的充放电功率指令,避免电池储能系统的过充电和过放电,从而保证了平抑波动控制长期运行的有效性,延长了电池储能系统的循环使用寿命,但会降低风电功率波动平抑的效果。

应用于平抑风电功率波动的全钒液流电池储能系统由多个电池储能单元并联组成。为应对风电功率变化的不确定性,电池储能系统在运行过程中应始终保持具有最大的充放电能力,即避免个别储能单元因能量状态过高或过低而影响充放电指令响应。这就要求单类型电池储能系统内部各单元的能量状态尽可能保持一致。同时,应用于平抑功率波动的电池储能系统需要频繁地进行充放电切换,由于各储能单元在能量转换效率等方面的差异性,各单元的能量状态一致性难以通过平均分配功率的简单方法保证。

电池储能系统能量管理重点关注的是如何减少或避免过充电和过放电对全钒液流电池使用寿命的危害,以及如何在安全运行情况下延长电池储能系统的循环使用寿命。在平抑风电功率波动、参与系统调频等短时间尺度的应用中,由于电池储能系统的充放电功率随机变化,不可能按照既定的恒定放电深度进行充放电,其充放电切换的次数不能对应到循环寿命进行分析和评估,因此需要分析以下两个问题:

(1) 全钒液流电池储能系统在充放电功率随机变化状况下的循环寿命测试。与恒定放电深度循环测试相比,由于全钒液流电池储能系统的每次充放电循环都不相同,全钒液流电池储能系统的循环寿命不能简单地用可循环次数表征,应该引入能更清晰地反映全钒液流电池储能系统全寿命运行过程的表征量,如可循环总能量、可连续使用年限等。

(2) 考虑全钒液流电池储能系统循环寿命的能量管理方法,在满足充放电指令的同时延长全钒液流电池储能系统的循环寿命。在全钒液流电池储能系统循环寿命评估的基础上,提取影响平抑波动运行模式下全钒液流电池储能系统循环寿命的关键因素,如平均恒定放电深度、平均充放电循环幅度和循环周期等,并引入到电池储能系统的实时能量管理中,进而延长全钒液流电池储能系统的循环寿命。

4.1.5 全钒液流电池储能系统平抑风电功率波动的实例分析

通过仿真可以模拟全钒液流电池储能系统的风电功率平抑效果。在某仿真平台进行仿真,实例参数根据辽宁省卧牛石风电场和全钒液流电池储能示范工程的配比关系进行设置,如表 4.1 所示。

表 4.1 辽宁省卧牛石风电场和全钒液流电池储能示范工程算例参数表

参数	数值	参数	数值
风电场容量	49.5MW	电池储能系统容量	5MW×2h
1min 变化率上限	10MW/min	10min 变化率上限	33MW/10min
荷电状态	0.2~0.8	SOC(0)	0.5
滤波控制时间常数 τ	12.5min	电池最大充放电功率	±5MW

选取辽宁省卧牛石风电场时间精度为 1min、时间长度为 6000min 的风电功率数据,以分析全钒液流电池储能系统平抑风电功率波动的效果。原始风电功率如图 4.6 中实线所示,经过全钒液流电池储能系统平抑后风电功率曲线如图 4.6 中虚线所示。

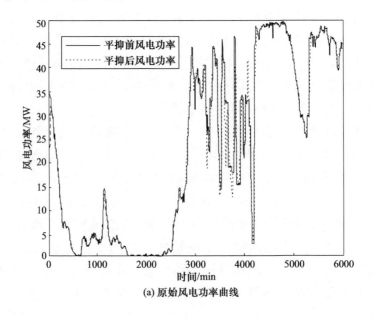

(a) 原始风电功率曲线

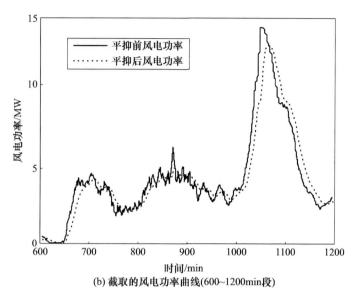

(b) 截取的风电功率曲线(600~1200min段)

图 4.6　卧牛石风电场全钒液流电池储能系统的风电功率平抑效果对比图

通过数据统计,可以得到,风电功率分别在第 3801min、第 4080min 和第 5326min 出现 1min 变化率越限,其中,1min 变化率最大值达到了 14.7684MW/min,10min 变化率最大值为 24.5405MW/10min,但未超过并网准则要求。通过仿真图分析可知,经过全钒液流电池储能系统平抑后的风电功率 (如虚线所示)更加平滑,原始风电功率曲线的微小波动和尖峰毛刺得以抑制。图 4.6(b)展示了原始风电功率曲线中 600~1200min 的一段,可以直观地看出全钒液流电池储能系统的功率平抑效果,验证了设计平抑控制方法的有效性。

图 4.7 为全钒液流电池储能系统在风电功率平抑控制中的充放电功率曲线,其中正值表示电池储能系统放电,负值表示电池储能系统充电。在 3000~4500min 时间段内,较大的电池储能系统充放电功率削弱了原始风电功率的尖峰,使曲线更为平滑;其他时间段全钒液流电池储能系统通过小功率的充放电削减了风电功率的毛刺。可见,全钒液流电池储能系统对风电功率波动的平抑控制主要体现在削减毛刺和削弱尖峰上面。

图 4.8 为全钒液流电池储能系统充放电过程的荷电状态曲线。由仿真结果可知,电池储能系统的能量变化在给定范围内,其中最大荷电状态达到 0.796,对应储能能量状态 7.96MW·h;最小荷电状态达到 0.199,对应储能能量状态 1.99MW·h。改变全钒液流电池储能系统的荷电状态设定范围,会对风电功率的平抑效果产生一定的影响。

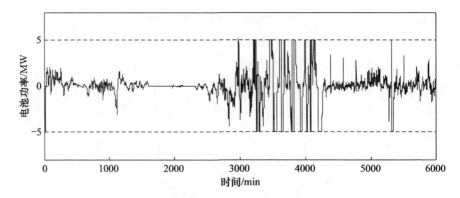

图 4.7　全钒液流电池储能系统充放电功率曲线

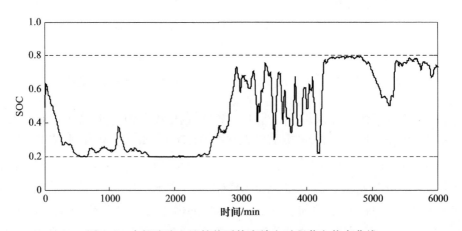

图 4.8　全钒液流电池储能系统充放电过程荷电状态曲线

　　经过全钒液流电池储能系统平抑控制后,风电功率 1min 变化率、10min 变化率的均方根减小,风电功率 1min 变化率、10min 变化率的方差都有所降低,平抑后的功率波动曲线较为平滑。

　　研究表明,经过全钒液流电池储能系统功率平抑后的风电功率变化率能够满足风电并网准则要求,并能适应风电功率的极端情况,可以避免风电爬坡率越限,能够实现与电网侧的友好互动。

4.2　全钒液流电池储能系统优化电网峰谷差

4.2.1　电网调峰需求分析

　　随着社会和经济的快速发展,电网日间和夜间的负荷峰谷差不断加大。

目前很多地区昼夜平均电力需求间的差值已经超过 60%，这就有可能造成电力系统供需不平衡。通常情况下，电网必须按照能满足最大用电负荷来规划和安排机组组合，如果电网有大容量电池储能系统，可以避免机组闲置，减小投资成本。

目前抽水蓄能电站是解决电网削峰填谷调控的主要手段，但是抽水蓄能电站选址受到地理位置、地形地质等方面的影响，无法进行高效的调控。所以，电网基本上依靠火电机组进行调峰甚至深度调峰。火电机组参与调峰会造成机组金属疲劳，损害机组寿命，长时间低负荷运行会导致其能效降低、经济性变差，而且由于火电机组自身的局限性，难以在短时间内适应负荷变化，调峰效果较差。

为了减小电力供应峰谷期的压力、减少煤炭消耗、降低用电费用，利用全钒液流电池储能系统在用电低谷时段对电池进行充电，用电高峰时电池储能系统储存的电能通过逆变器转换后输送给用电设备，可有效缓解高峰时期的供电压力，达到节能减排的目的。

4.2.2　全钒液流电池储能系统提高低谷时段的风电消纳能力

对于给定的日负荷曲线，在满足其最大值、最小值情况下，考虑发电厂厂用电率和输电网损率确定发电机组开机方式，上网发电机组的最小输出功率之和 $P_{g,min}$ 为

$$P_{g,min} = (1 - \delta_g - \delta_{line})(\sum_{i=1}^{n} C_{g,i} P_{peak,i,rated} + \sum_{j=1}^{m} P_{force,j}) + (1 - \delta_{line}) P_{line,min}$$

$$(4.8)$$

式中，$P_{peak,i,rated}$ 为包括水电机组在内的上网调峰机组额定出力；$P_{force,j}$ 为不能参与调峰，但必须正常运行的机组的强迫出力；$P_{line,min}$ 为负荷低谷时段系统联络线功率；δ_g 为火电厂厂用电率；δ_{line} 为输电网损率；$C_{g,i}$ 为调峰机组最小技术出力系数。

我国风力资源丰富地区多以火电厂调峰为主，在安排机组开机方式时一般留有一定的备用容量以应对风电波动性。负荷低谷时刻电网接纳风电的能力最小，而此时往往又是风电出力较大时段，因此将风电出力等效为负荷的一部分，定义低谷时段电网最大可接纳的风电容量等于火电厂调峰机组的最大向下调节备用容量，即

$$P_w = P_{min} - P_{g,min}$$

$$(4.9)$$

式中,P_w 为低谷时段电网最大可接纳风电容量;P_{min} 为电网低谷负荷。

图 4.9 中,区域 Ⅰ 为上网发电机组出力可调节范围。当等效负荷小于调峰机组向下调节能力时(图中区域 Ⅱ 的 $t_1 \sim t_2$ 时刻),此部分风电无法被全额消纳。为了降低调峰机组出力至极小值甚至停机参与调峰带来的经济损失,利用大规模储能系统消纳负荷低谷时段的风电剩余量,减少电网的等效负荷峰谷差,实现等效负荷的时空平移,进而松弛电网向下调峰瓶颈,使电网有能力接纳更大的风电容量。

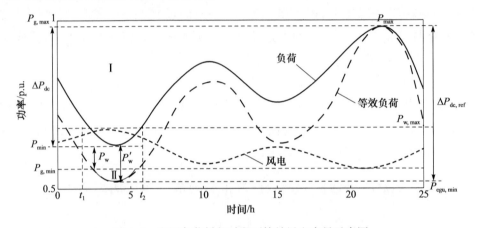

图 4.9 电网负荷低谷时段可接纳风电容量示意图

假设经全钒液流电池储能系统平移后等效负荷最低值为 $P_{egu,min}$,等效负荷峰谷差为 $\Delta P_{dc,egu}$,则电网开机方式下的风电功率为 $P'_w = P_{min} - P_{egu,min}$,则提高的风电接纳容量为

$$\Delta P_w = P'_w - P_w = P_{g,min} - P_{egu,min} \tag{4.10}$$

4.2.3 全钒液流电池储能系统削峰填谷的控制策略

利用全钒液流电池储能系统的快速"吞吐特性"在负荷低谷时期吸收能量储存待用,在负荷高峰时期释放能量并完成削峰填谷任务,不仅可以缓和高峰期的用电紧张情况,而且可以延缓电力设备的投资升级,实现多赢的局面。其中,考虑实际约束的削峰填谷功率差控制策略可以分为两个步骤完成:第一步是根据历史数据预测出来的日负荷曲线,制定出预测日电池储能系统的充放电控制策略,即给出全钒液流电池储能系统充放电时段和输出功率结果;第二步是实时优化控制,根据第一步中制定的最佳充放电策略,并考虑实际反馈负荷值及电池状态数据,计算出全钒液流电池储能系统实

际出力。

全钒液流电池储能系统在进行配电网削峰填谷时,本身具有各种约束条件,只有在满足实际约束条件的情况下,电池储能系统才可以最大限度地发挥其应有的作用。通常,需要考虑全钒液流电池储能单元的容量、功率限制以及电池荷电状态约束。此外,为了减少电池储能单元的充放电动作,使其在单日内以一定充放电次数工作,以求延长全钒液流电池储能装置的使用寿命。对于功率差的控制策略,首先根据已有负荷预测曲线,计算得到日负荷平均功率,并考虑到电池组容量配置和充放电功率约束,将电池储能系统参与削峰填谷的充放电功率上下限值确定下来:

$$\sum_{t=t_{i-1}}^{t_i}(P_{d}-P_1)\Delta t \leqslant \sum_{t=t_{j-1}}^{t_j}(P_2-P_{c})\Delta t < E, \quad P_{d}\in[P_1,P_{max}]; P_{c}\in[P_{min},P_2]$$

(4.11)

式中,P_{d}、P_{c} 为负荷峰谷时间段的负荷值;P_1 为全钒液流电池储能系统放电功率下限值;P_2 为全钒液流电池储能系统充电功率上限值;Δt 为单位时间;E 为全钒液流电池储能系统容量;P_{max}、P_{min} 为负荷峰谷值。

然后与预测负荷曲线相比较,确定各个时间段内的充放电功率,即[30]

$$P_{av}=\frac{1}{T}\sum_{t=1}^{T}P_t, \quad P_2 \leqslant P_{av} \leqslant P_1$$

(4.12)

式中,P_t 为单日 t 时刻的负荷功率值;P_{av} 为单日内负荷平均功率。

此外,充电时间区域总功率要大于等于放电时间区域,且两者在各自时间段内的积分均小于全钒液流电池储能系统的总配置容量。

基于上述分析,得出此种控制策略的具体步骤如下:

(1)基于预测负荷曲线计算得到单日内负荷平均功率 P_{av}。

(2)以 P_{av} 为中心、ΔP 为步长进行迭代,其中 $P_1=P_{av}+\Delta P$,$P_2=P_{av}-\Delta P$;迭代过程中必须要满足如下约束条件:

$$\begin{cases} \sum_{t=t_{j-1}}^{t_j}(P_2-P_{c})\Delta t=E_{chr}<E \\ \sum_{t=t_{i-1}}^{t_i}(P_{d}-P_1)\Delta t=E_{dis}<E \\ E_{chr}-E_{dis}<\theta \end{cases}$$

(4.13)

式中,E_{chr} 表示总的充电能量;E_{dis} 表示总的放电能量;θ 为接近于零的常数。

当上述条件有一个无法满足时,重新返回迭代 $P_1=P_{av}+\Delta P$,$P_2=$

$P_{av}-\Delta P$,直到所有条件满足为止。

（3）确定电池储能系统充放电动作上下限功率,根据实际负荷数据判断电池储能系统充放电。

图 4.10 为功率差控制方法示意图。从图 4.10 中可以看出,当实际负荷大于设定的电池储能系统放电功率下限值 P_1 时,电池储能系统放电;当实际负荷在区间 $[P_1,P_2]$ 内时,电池储能系统不动作;当实际负荷小于设定的电池储能系统充电功率上限值 P_2 时,电池储能系统充电。

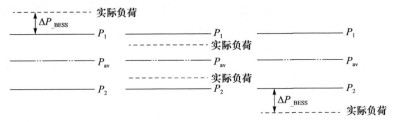

图 4.10　功率差控制方法示意图

图 4.11 为电池储能系统参与调峰示意图。图 4.11 表示当实际负荷大于设定的电池储能系统放电功率下限值时,采用功率差控制方法可以使电池储能系统放电以弥补功率缺额[30]。

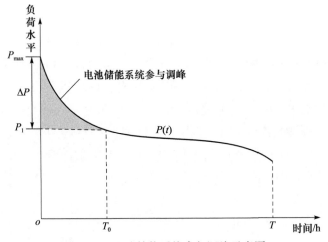

图 4.11　电池储能系统参与调峰示意图

电池储能系统功率差控制方法的具体流程图如图 4.12 所示。

功率差控制方法的优点在于进行实时控制,实测负荷曲线与预测曲线相比较出现偏移,不会造成削峰填谷控制失策,并且可以根据实际情况灵活制定电池储能系统的运行策略。

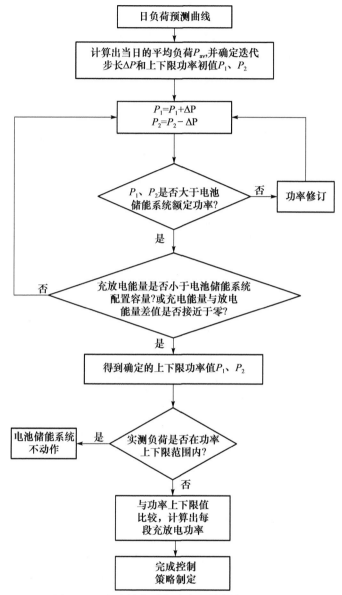

图 4.12   电池储能系统功率差控制方法流程图

4.3   全钒液流电池储能系统优化电网频率

4.3.1   系统调频需求分析

传统电力系统中调频机组承担着平抑负荷波动稳定电网频率的任务。

目前,在我国各大区域电网中,通过不断地调整以大型水电机组、火电机组为主的调频电源出力来响应系统频率变化。传统机组受到响应速度慢、响应时间长等固有特性的限制,其调节有功功率输出的能力有限。同时,传统机组提供调频服务不仅加剧了机组设备磨损,而且增加了燃料使用、运营成本、废物排放和系统的热备用容量,调频的质量和灵活性也不能满足电力系统提高电能质量的要求,风电和光伏发电大规模并网后尤其如此。

全钒液流电池储能系统在爬坡速度和响应时间上具有独特优势,既可以通过模拟发电机组的功率频率调节特性来控制其充放电,从而实现参与电力系统一次调频,也可以通过将自动发电控制中所确定的区域控制偏差信号作为全钒液流电池储能系统的充放电控制信号来指导其参与电力系统二次调频。全钒液流电池储能系统参与电网调频可以使调频控制能够迅速、精确地满足联络线信号的要求,可以有效地抑制系统频率的变化,避免或减少联络线之间因调频而引起的功率流动,显著减少系统频率对传统调频机组的依赖,提高系统发电设备利用率,降低机组的疲劳磨损和故障率。

因此,有必要深入研究全钒液流电池储能系统参与电网调频的理论与技术问题,为构建高效经济的电池储能系统调频应用提供理论依据和技术参考,为指导全钒液流电池储能系统在调频辅助服务中的应用和定位提供技术支持。

电力系统出现较大功率不平衡时,频率响应过程大致可分为以下三个阶段:①惯性响应;②一次调频;③二次调频。电力系统频率响应过程如图 4.13 所示。

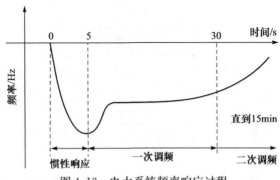

图 4.13　电力系统频率响应过程

电力系统中出现功率供需不平衡后,系统频率将出现大幅波动。当发电功率低于消耗功率时,系统频率将以一定速度下降,而频率下降速度受系统惯性的影响,系统惯性越弱,频率下降越快。电力系统平均惯性常数 H_{sys}

由所有接入系统的同步发电机共同决定：

$$H_{sys} = \frac{\sum_{i=1}^{n} H_i S_{i,rated}}{\sum_{i=1}^{n} S_{i,rated}} \tag{4.14}$$

式中，H_i、$S_{i,rated}$ 分别为第 i 台同步发电机组的惯性常数和额定功率。

在电力系统发生故障瞬间，同步发电机组调速器不能立即动作以产生多余的功率补偿系统内的功率缺失。因此，电力系统频率发生跌落后，同步发电机组第一时间降低转子转速，释放转子动能，对系统频率提供一定支撑作用，直到频率变化率（df/dt）为 0。此为同步发电机惯性响应过程，是其内在自有反应，由转子运动方程控制：

$$2H \frac{dw_r}{dt} = T_m - T_e \tag{4.15}$$

式中，T_m 为机械转矩；T_e 为电磁转矩；H 为发电机组惯性常数；w_r 为发电机组转子转速。

当电力系统存在功率缺失时，根据式（4.14），同步发电机组能够提取储存于旋转质体中的转子动能对系统频率跌落提供一定的阻尼作用，此过程为同步发电机组内在的惯性。

频率发生跌落几秒后（幅值超出一次调频死区），同步发电机组调速器开始动作，增加原动机输出功率，同步发电机组随之增加有功功率输出，直至系统频率稳定。此过程称为同步发电机组的一次调频。

为了使多台并列运行发电机组间能够稳定地分担一次调频出力，往往通过整定同步发电机组调差系数 σ 控制机组调频出力：

$$\sigma = -\frac{\Delta f}{\Delta P_G} \tag{4.16}$$

或者

$$\sigma\% = -\frac{\Delta f P_{NG,rated}}{f_{N,rated} \Delta P_G} \times 100\% \tag{4.17}$$

式中，Δf、$f_{N,rated}$ 分别为系统频率变化值及额定频率，Hz；ΔP_G、$P_{NG,rated}$ 分别为同步发电机组调频出力变化值和额定功率，MW。

频率响应能力可以更直观地表现为调差系数的倒数，单位调节功率 K_G 标志着随着系统频率变化，同步发电机组的出力变化为

$$K_G = \frac{1}{\sigma} = -\frac{\Delta P_G}{\Delta f} \tag{4.18}$$

　　同步发电机组一次调频过程调速器原理图如图 4.14 所示,发电机组转速与系统频率相耦合,随着频率跌落,测量得到的转子转速 ω_r 同参考转速 ω_0 相比较,误差信号与调差系数 σ 控制阀门位置变化,最终达到增加同步发电机组输出有功功率的目的。

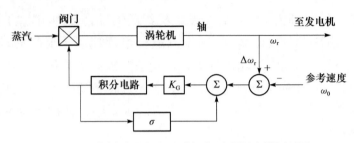

图 4.14　同步发电机组一次调频过程调速器原理图

　　为了使系统频率恢复到额定值,释放已使用的一次调频备用容量,需要进行频率的二次调整。二次调频控制是通过 AGC 调整发电机组功率设定点。二次调频备用机组在系统频率事故后 30s 左右才能参与到频率调节。当一、二次调频启动后,系统频率将恢复到额定值。

4.3.2　全钒液流电池储能系统功率-频率调频特性分析

　　全钒液流电池储能系统进行频率的一、二次调节,是利用其电池能量的双向流动性来阻止系统频率偏离标准的调节方式,图 4.15 表示全钒液流电池储能系统的功率-频率静态特性。

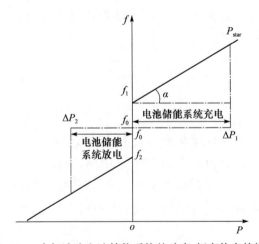

图 4.15　全钒液流电池储能系统的功率-频率静态特性图

当电力系统中原动机功率或负荷功率发生变化时,必然引起电力系统频率的变化,此时,对全钒液流电池储能系统进行判断,电网供电大于负荷需求,系统频率上升时,全钒液流电池储能系统从电网吸收电能;电网供电小于负荷需求,系统频率下降时,全钒液流电池储能系统则释放电能,将电能返还给电网,如图 4.16 所示。

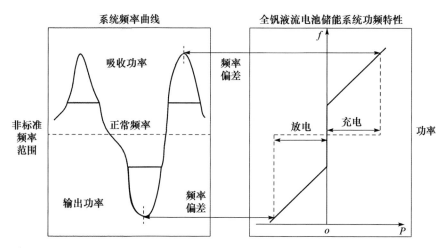

图 4.16　全钒液流电池储能系统参与频率调整原理图

由传统调频机组一、二次调频的原理及特点,结合全钒液流电池储能系统的功率-频率特性,来探求全钒液流电池储能系统参与一、二次调频的应用方式。

1. 辅助传统一次调频实现无差调节

调频发电机组通过一次调频而使系统重新运行于新的稳定点 c 点,但仍有 Δf 的频率偏差,若想在一次调频结束时系统回到初始的运行点,可以加入全钒液流电池储能系统,补发提升频率 Δf 所需的功率 ΔP_{star},使系统回到额定的频率运行点,如图 4.17 所示。

2. 当发电机蓄热不够时,防止频率进一步下降,并实现无差调节

如图 4.18 所示,当系统负荷增加了 ΔP_1,而发电机的蓄热不够时,只能增加发电功率使系统运行于 c 点所对应功率,当系统频率进一步下降时,发电机的一次调频也将不再动作。此时,对系统频率的稳定是极其不利的。

　　如果加入全钒液流电池储能系统,则可防止系统频率的进一步下降。发电机一次调频结束后,系统运行于 e 点时,频率偏差为 Δf,则全钒液流电池储能系统补发 ΔP_{star} 的功率,可使系统频率回到初始的运行频率 f_0。

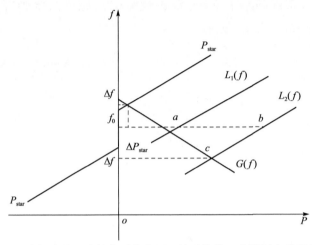

图 4.17　全钒液流电池储能系统应用于辅助传统一次调频实现无差调节

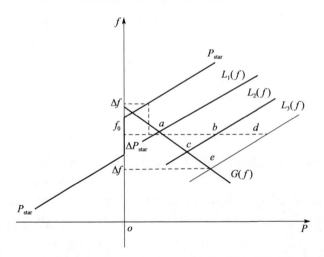

图 4.18　全钒液流电池储能系统应用于发电机蓄热不够时的一次调频

3. 仅用全钒液流电池储能系统来进行频率的一次调节

　　区域电网内的调频发电机组均不进行频率的一次调节,频率下降到二次调频的幅值及周期之前均不动作。完全用全钒液流电池储能系统来实现系统频率的一次调节的应用方式。

当系统负荷增加了 ΔP_1，而使频率下降时，全钒液流电池储能系统动作，增加 ΔP_{star} 的功率，而使系统回归到初始的运行频率 f_0，如图 4.19 所示。

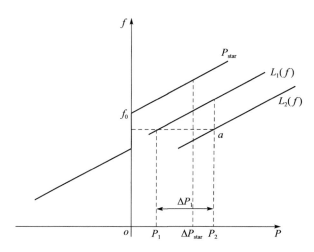

图 4.19　全钒液流电池储能系统取代传统调频机组进行频率的一次调节

4.3.3　全钒液流电池储能系统与传统电源联合一次调频

伯德图是进行系统频率响应分析的有效方法，伯德图可描绘在不同频率下系统增益的大小和相位及其随频率变化的趋势。下面将针对不同工况下系统的频域特性，绘制系统中各调频源对于风电功率波动响应伯德图，研究不同频段的电磁功率变化对电网频率影响的相关性。

1. 全钒液流电池储能系统参与电网一次调频

1）各调频源不参与一次调频

在火电机组、风力发电机组和储能装置均不参与一次调频的情况下，系统特性方程为

$$G_1(s) = \frac{\Delta\omega_r(s)}{\Delta P_{accel}(s)} = \frac{\Delta\omega_r(s)}{\Delta P_m(s) - \Delta P_e(s)} = \frac{1}{2H\omega_s s} \tag{4.19}$$

式中，s 为拉普拉斯算子；$\Delta\omega_r(s)$ 为电网频率偏差；$\Delta P_{accel}(s)$ 为转子加速功率；$\Delta P_m(s)$ 发电机的机械功率；$\Delta P_e(s)$ 为发电机发出的电磁功率；H 为发电机转子和涡轮机的惯量常数；ω_s 为同步转子角速度。

据此得到的伯德图如图 4.20 所示。从图 4.20 可以看出,当功率波动为高频波动时,即波动频率为 1Hz 及以上时,传递函数的幅值接近于 0。这表明该系统中的同步发电机组可以有效抑制电力系统中的高频功率波动,当风电功率接入引起的波动为高频段时,并不会导致电网频率发生很大的偏移。同时,也可以看到对处于低频和中频的功率扰动并不能很好地抑制,需要相应调整原有的频率偏差调控方案。

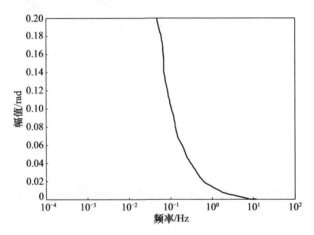

图 4.20 各调频源不参与一次调频时系统自身调频伯德图

2) 仅风力发电机组参与一次调频

仅风力发电机组参与一次调频的系统特性方程为

$$G_2(s) = \frac{G_1(s)}{G_1(s)G_w(s) - 1} \tag{4.20}$$

式中,风力发电机组的模型表示为

$$G_w(s) = \frac{K_w}{1 + sT_w} \tag{4.21}$$

式中,K_w 为风力发电机组增益;T_w 为滞后时间常数。

据此得到的伯德图如图 4.21 所示。从图 4.21 可以看出,当功率波动特性为高频波动时,即波动频率为 1Hz 及以上时,传递函数的幅值相对于高频段和中频段来说相对较小。这表明风力发电机组对系统中的高频波动可以起到一定的抑制作用。风力发电机组对高频波动的抑制作用不如系统本身对高频波动的抑制作用强,应充分利用系统本身的惯性来抑制高频的功率扰动。

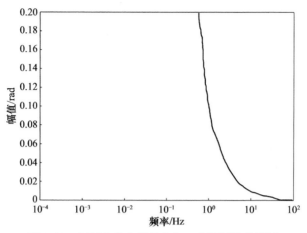

图 4.21　仅风力发电机组参与一次调频的伯德图

3) 仅火电机组参与一次调频

仅火电机组参与一次调频的系统特性方程为

$$G_3(s)=\frac{G_1(s)}{G_1(s)G_g(s)G_t(s)-1} \qquad (4.22)$$

式中，调速器的响应函数为

$$G_g(s)=\frac{\Delta P_m(s)}{\Delta \omega_r(s)}=\frac{1}{R(1+T_c s)} \qquad (4.23)$$

式中，R 为功率调节系数；T_c 为发电机调速系统的时间常数。

汽轮机的响应函数为

$$G_t(s)=\frac{1+sF_{HP}T_{RH}}{(1+sT_{CH})(1+sT_{RH})} \qquad (4.24)$$

式中，F_{HP} 为汽缸的机械功率比例系数；T_{CH}、T_{RH} 为汽缸的容积效应时间常数。

据此得到的伯德图如图 4.22 所示。从图 4.22 可以看出，当功率波动为低频波动，即波动频率为 0～0.01Hz 时，传递函数的幅值很小；当功率波动为高频波动，即波动频率为 1Hz 及以上时，传递函数的幅值接近于 0；当功率波动为中频波动，即波动频率为 0.01～1Hz 时，传递函数的幅值较大。这表明火电机组对系统中的高频波动和低频波动都可以起到较好的抑制作用，对中频段的功率波动并不能起到很好的抑制作用。

4) 仅全钒液流电池储能系统参与一次调频

仅全钒液流电池储能系统参与一次调频的系统的特性方程为

$$G_4(s)=\frac{G_1(s)}{G_1(s)G_s(s)-1} \qquad (4.25)$$

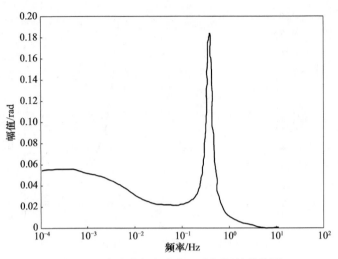

图 4.22　仅火电机组参与一次调频的伯德图

式中,全钒液流电池储能系统传递函数为

$$G_s(s) = \frac{K_b}{1 + sT_{bs}} \qquad (4.26)$$

式中,K_b 为全钒液流电池储能系统增益;T_{bs} 为响应滞后时间常数。

　　据此得到的伯德图如图 4.23 所示。从图 4.23 可以看出,当功率波动为低频波动,即波动频率为 0~0.01Hz 时,传递函数的幅值较大;当功率波动为高频波动,即波动频率为 1Hz 及以上时,传递函数的幅值接近于 0;当功率波动为中频波动,即波动频率为 0.01~1Hz 时,传递函数的幅值较小。这表明全钒液流电池储能系统对系统中的高频波动和中频波动都可以起到较好的抑制作用,但是对低频段的功率波动的抑制作用不佳。

　　5)全钒液流电池储能系统与风力发电机组、火电机组共同参与一次调频

　　全钒液流电池储能系统与风力发电机组、火电机组共同参与一次调频的系统的特性方程为

$$G_5(s) = \frac{G_1(s)}{G_1(s)G_w(s)G_g(s)G_t(s)G_s(s) - 1} \qquad (4.27)$$

　　据此得到的伯德图如图 4.24 所示。从图 4.24 可以看出,此时系统对高频、低频、中频三个频段的功率波动引起的频率偏差均起到良好的抑制作用。

　　结合图 4.20~图 4.24 的结果可以看出,因为风力发电机组、火电机组、全钒液流电池储能系统以及电力系统本身的惯性,可对不同频段的频率偏差有较好的调控作用。所以,火电机组、风力发电机组以及全钒液流电池储能

系统均可参与一次调频,并可有效调控风电功率波动。

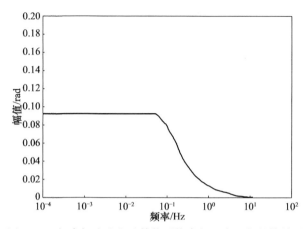

图 4.23　仅全钒液流电池储能系统参与一次调频的伯德图

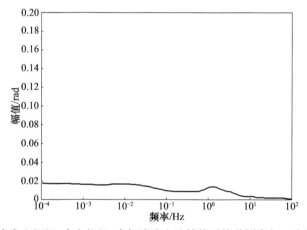

图 4.24　风力发电机组、火电机组、全钒液流电池储能系统共同参与一次调频的伯德图

　　由风力发电机组与全钒液流电池储能系统的惯性响应及一次调频特性分析可知,它们均具备良好的响应能力,尤其是全钒液流电池储能系统的惯性支撑能力远优于风力发电机组与传统机组。全钒液流电池储能系统在惯性频率响应中对最低频率点具有重要意义,直接决定频率是否会越限或启动低频减载动作。因此,基于电网惯性频率支撑与一次调频的频率特性,提出传统电源、风电、全钒液流电池储能系统联合参与一次调频的自适应协调控制方法,如图 4.25 所示。其主要思路为:当频率越过死区但不越限时,传统电源与风力发电机组进行一次频率调整;当系统频率有越限甚至引发低频减载的风险时,全钒液流电池储能系统选择在最佳频率点动作。

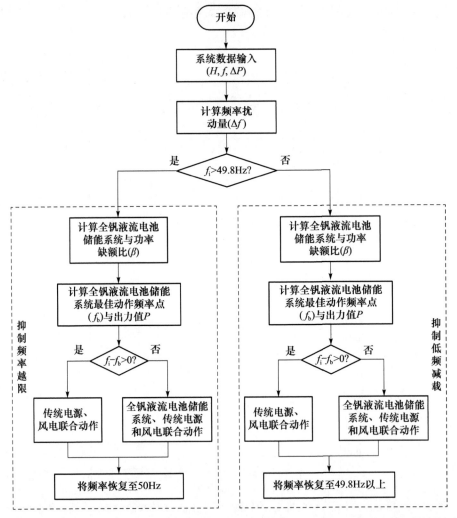

图 4.25　传统电源、风电、全钒液流电池储能系统联合参与一次调频的自适应协调控制策略

2. 全钒液流电池储能系统最佳动作频率点分析

根据其他调频机组的有功功率静态频率特性(一般汽轮机调差系数为 3‰～5‰,水轮机调差系数为 2‰～4‰)和调频容量以及整个系统的调频要求来合理整定全钒液流电池储能系统一次调频控制的下垂系数 K 的变化范围和死区值,与其他同步发电机组调速器共同分担负荷的变化,保证系统频率尽快稳定地(通常 30s 内)恢复到系统允许的范围内,减少频率恢复过程中的功率振荡,同时保持一定的储能电站二次调频的储备裕度。电池

储能系统在惯性响应与一次调频中的动作时机有：

（1）当越过频率死区后，风力发电机组与传统电源一起参与调频。

（2）当功率缺额将引发频率越限时，全钒液流电池储能系统在适当的频率点动作。

（3）当功率缺额将引发低频减载时，全钒液流电池储能系统在适当的频率点动作。

基于辽宁电网 2014 年装机数据：电源总装机容量为 419182.5MW，新能源装机容量为 61537MW，最大负荷为 239500MW。当负荷波动将引发频率越限或低频减载时，设全钒液流电池储能系统与负荷的波动比为 0.5，全钒液流电池储能系统的动作时机分别如图 4.26 和图 4.27 所示，所需配置的储能容量为：

（1）抑制频率越限：频率跌至 49.9Hz 时动作，所需全钒液流电池储能系统容量为 239.5MW，持续时长为 4min。

（2）抑制低频减载：频率跌至 49.75Hz 时动作，所需全钒液流电池储能系统容量为 598.75MW，持续时长为 6min。

3. 基于惯性频率响应中最低频率点支撑算例分析

2016 年，受风电、光伏装机容量快速增长，火电机组煤质差、机炉缺陷多，供热机组比例增加，水电机组比例小，以及红沿河核电站 4 号机组投运等因素的共同影响，辽宁电网频率调整能力降低。尤其当大容量机组跳闸时，对辽宁电网频率稳定产生了较大影响。

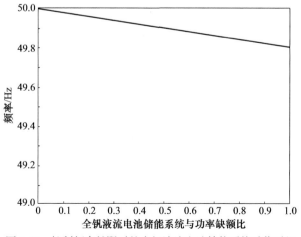

图 4.26　抑制频率越限时的全钒液流电池储能系统动作时机

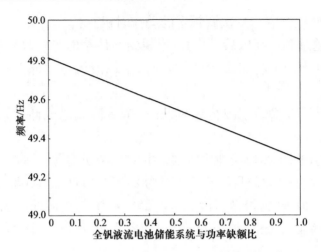

图 4.27　抑制低频减载时的全钒液流电池储能系统动作时机

通过辽宁电网的频率稳定性分析,若伊敏—冯屯甲、乙线故障,导致伊敏—穆家直流双极闭锁后,系统最大损失电源 375 万 kW,系统最低频率 48.2Hz,采取回降高岭 130 万 kW 功率措施后,系统最低频率为 49.30Hz,稳态频率可恢复到 49.82Hz,能够保持频率稳定。第二道防线和低频减载不会动作,但最低频率点跌破了电网允许的频率限值 49.8Hz,如图 4.28 所示。

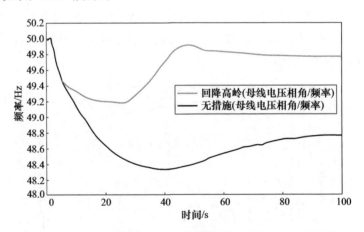

图 4.28　伊敏—穆家直流双极闭锁情况下系统频率对比曲线

在上述两种情形下,为保障辽宁电网频率稳定,防止系统最低频率点跌破频率限值,除优化全网低频减载方案,加强机组网源协调管理,加快机组调速系统性能测试,强化全网电源一次调频管理,改善电网频率特性,发挥机组一次调频对频率的支撑作用外,还需寻求新的调节手段(如全钒液流电池储能系统)用于应对大功率扰动下的频率特性改善。

在不采取回降高岭 130 万 kW 功率措施的条件下,将电网中的火电机组及风力发电机组的一次调频能力投入到最大,研究伊敏—穆家直流双极闭锁条件下系统稳定性对储能装置总容量的需求,仿真中将故障后分布式储能系统总输出功率分别设置为 350 万 kW、300 万 kW、260 万 kW。通过仿真分析电池储能系统投入 250kW 以下时,功率产生振荡,系统不稳定。全钒液流电池储能系统投入 260 万 kW 以上时系统稳定。

伊敏—穆家直流双极闭锁情况下,系统稳定性与全钒液流电池储能系统投入总容量关系如表 4.2 所示。由表 4.2 可知,为避免伊敏—穆家直流双极闭锁后系统失稳,分布式储能系统至少需投入 260 万 kW。

表 4.2　双极闭锁时系统稳定与电池储能系统功率支撑关系图

系统所投入储能容量/万 kW	系统稳定程度
350	稳定
300	稳定
260	稳定
250	失稳

4.3.4　全钒液流电池储能系统辅助电力系统二次调频

全钒液流电池储能系统虽然调频性能优越,但成本较高,在不影响调频性能的情况下,应使全钒液流电池储能系统在适当的荷电状态下,避免因过冲和过放降低电池使用寿命的情况。电力系统运行时,二次调频主要实现对频率和联络线交换功率偏差的控制。在全钒液流电池储能系统参与调频情况下,要解决协调火电机组与全钒液流电池储能系统运行问题,使系统频率符合电网调度要求。下面进行全钒液流电池储能系统调频系统响应特性分析。

全钒液流电池储能系统具有响应速度快、短时功率吞吐能力强等特点。与火电机组相比,其能够快速响应系统的频率变化,适合电力系统的频率调节。此时含全钒液流电池储能系统的调频系统传递函数为

$$G_4(s) = \frac{G_1(s)}{G_1(s)G_g(s)G_T(s)G_s(s) - 1} \tag{4.28}$$

多区域系统参数根据此传递函数,结合伯德图分析方法分析全钒液流电池储能系统的频率响应特性,并且与含调速器和 AGC 的情况进行对比,结果如图 4.29 所示。

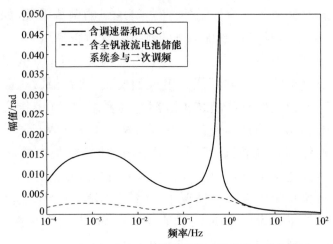

图 4.29　含全钒液流电池储能系统调频传递函数伯德图

从图 4.29 中可以看出,在不考虑全钒液流电池储能系统功率约束的情况下,含全钒液流电池储能系统的调频系统基本在任何频段都可以很好地平抑系统波动,说明电池储能系统具有良好的频率响应性能。由于全钒液流电池储能系统的响应速度快,在调频过程中还可以很好地弥补火电机组性能的不足。

由以上分析可知,全钒液流电池储能系统可以响应多种频段的功率波动。在区域互联电网模型中加入全钒液流电池储能系统,含全钒液流电池储能系统的 AGC 模型如图 4.30 所示。

电网调度控制中心对运行状态进行实时监测,在电力系统受到负荷扰动时,系统的频率以及联络线功率产生偏移,形成区域控制偏差信号,调度控制中心根据相应的控制策略将负荷需求功率分配给全钒液流电池储能系统和常规发电机组,使其协调参与电网二次调频。

含全钒液流电池储能系统的储能电站模拟传统发电机组的 AGC 调频控制,即利用二次调频的储备容量来调整储能电站的出力,使系统频率在规定时间内恢复到系统额定值 50 Hz 附近(50Hz±0.2Hz),实现无差调频。区域控制误差(area control error,ACE)综合反映了电网频率和联络线功率的变化。因此,储能电站可根据 ACE 信号(指令)的变化对全钒液流电池储能系统充放电进行相应的调整。考虑全钒液流电池储能系统的二次调频控制,可使系统频率更快恢复至初始值,使系统动态响应能力得到提高,优化二次调频控制效果。

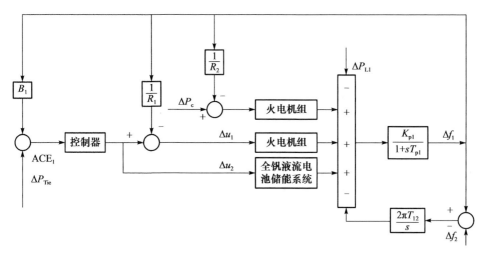

图 4.30　含全钒液流电池储能系统的 AGC 模型

B_1. 控制区的系统频率偏差系数；K_{p1}. 比例控制器系数；R_1、R_2. 调差系数；T_{12}. 积分控制器惯性时间常数；

T_{p1}. 比例控制器惯性时间常数；Δf_1. 控制区的频率偏差；Δf_2. 与控制区相互联的其他控制区域的频率偏差；

ΔP_c. 系统给定控制信号；ΔP_{L1}. 系统阶跃负荷扰动；ΔP_{tie}. 控制区与非控制区的联络线交换功率误差信号；

Δu_1. 火电机组受到的控制信号；Δu_2. 电池储能系统受到的控制信号

第5章 全钒液流电池储能系统提高电网黑启动能力

随着经济的持续发展,现有的电力系统也越来越复杂,电网遭遇不可抗力而停运的概率依然存在,当需要进行黑启动时,微电网的存在可以改变原有电网特性,缩短黑启动时间并使黑启动过程更加稳定可靠。本章针对基于全钒液流电池微电网的黑启动进行概述,将全钒液流电池参与黑启动过程与其他黑启动方式进行比较,可以得出在全钒液流电池参与下的黑启动明显优于其他方式。

5.1 全钒液流电池黑启动

5.1.1 黑启动过程

黑启动是指整个电力系统因故障停电后,不依赖其他电力系统的帮助,而是通过电力系统中具有自启动能力机组的启动带动无自启动能力的机组,逐步扩大电力系统的供电范围,最终实现整个电力系统的恢复。电力系统在发生大面积停电事故后,其恢复过程所需时间较长并且较为复杂。根据不同时段的特点和主要矛盾,通常将电力系统的整个恢复过程分为黑启动阶段、网架重构阶段和负荷恢复阶段。

1) 黑启动阶段

黑启动阶段是电力系统恢复工作的第一阶段,一般历时 30min。该阶段主要通过黑启动电源的启动,向跳闸的且具有临界时间限制的机组提供启动功率,使其恢复发电能力并重新接入电网,从而形成多个孤立运行的子系统,为电力系统的后续恢复建立良好的基础。

2) 网架重构阶段

网架重构阶段通常历时 3~4h,是系统恢复的关键环节,具有承上启下的重要作用。该阶段主要是利用黑启动阶段已获得的发电容量,通过恢复主要的发电机组和重要的输电设施及负荷,在尽可能短的时间内逐步恢复电网的主干网架,为负荷全面恢复奠定良好的基础。目前关于网架重构阶段的研究主要集中在目标网架的确定、重构路径的顺序优化以及机组启动顺序的优化。另外,由于电力系统在该阶段负荷水平较低,输电线路空载或轻载运行易产生较大的充电无功,若发电机组的进相运行能力不足,将会引起系统范围内的电压升高的现象,严重时还会引发发电机组自励磁和不可控制的电压上升,并可能进一步导致变压器过励磁、谐波过电压等的产生,甚至破坏避雷器和断路器。

3) 负荷恢复阶段

电力系统主干网架基本形成并达到较为稳定的状态后,主力发电机组也具备了一定的发电能力,此时系统进入全面负荷恢复阶段。该阶段的目标是充分利用已并网发电机组的发电容量,尽可能快且多地恢复重要负荷和一般负荷的供电,并在恢复过程中使系统频率、节点电压以及线路潮流等均能维持在限值以内,将系统的停电损失降到最低。

电力系统全停电后的黑启动恢复是系统安全防御的重要问题,科学合理的黑启动方案对实现系统全停后的快速恢复具有重要意义。

5.1.2　全钒液流电池储能系统与黑启动发展

20 世纪 60 年代以来,世界范围内已发生多起大停电事故,并造成严重的社会影响和经济损失。1965 年 11 月 9 日美国东北部停电事故造成 21GW 的用户停电,影响居民人数约 3000 万。1978 年 12 月 19 日法国大停电事故造成全国近 3/4 的负荷区域停电,停电负荷 29GW,累计损失电量 100GW·h,事故造成的经济损失为 2 亿~3 亿美元。1983 年 12 月 27 日瑞典发生大面积停电,停电负荷约 11.4GW。1994~1996 年,美国西部电网多次发生大停电事故,每次均造成约百万用户停电,甚至波及与美国西部交界的加拿大的多个地区。2003 年 8 月 14 日,美国、加拿大发生了北美历史上最严重的停电事故,涉及美国北部 8 个州以及与美国交界的加拿大南部 2 省,累计停电负荷 61.8GW,造成美国中东部、加拿大东部地区近 5000 万户失去了电力供应,而用户供电的完全恢复历时近两周。在随后的两个月内,英国、瑞典、丹麦以及意大利等多个欧洲国家也相继发生大停电事故。2011 年 3 月 11 日,日本发生大地震并引发海啸,导致东京电网大停电,造成 22GW 发电机停运,并导致约 10GW 的负荷停电。事故期间,紧急停堆的福岛核电站由于缺少外来电力和足够的应急电源来支撑冷却系统,发生了严重的核泄漏危机,导致灾难性的后果。2012 年 7 月 30 日和 31 日,印度电网相继发生两次大停电事故,此次停电事故创下了世界大型停电规模纪录。

近些年,我国电网也发生了一些停电事故,如 2005 年海南电网"9·26"大停电事故、2006 年华中电网"7·1"大停电事故。2008 年初,我国南方诸省因罕见雨雪冰冻天气使得输电线路覆冰严重,导致电网发生大面积断线、铁塔倒塌和停电事故,严重影响了经济的发展和人民的正常生活。

随着新技术和新方法的飞速发展和应用,在黑启动研究领域,研究人员更加注意运用人工神经网络和模糊控制等智能控制技术来揭示黑启动问题的本质,并有过一些成功的经验,如意大利成功地在 30~40min 内完全恢复了 3 个火电厂和 4 个水电厂,最大负荷为 3000MW 的区域电网。电力系统全停后的恢复是一个非常复杂的过程,在恢复启动过程中要注意有功功率和无功功率的平衡,防止发生自励磁、电压失控及频率的大幅波动,必须考虑系统恢复过程中的稳定问题,合理投入继电保护和安全自动装置,防止保护误动作而中断或延误系统恢复。国外对电力系统恢复的策略大体上可以划分为两种:第一,串行恢复,是在大多数发电机并网前对整个网络进行充电。串行恢复主要问题是高压输电系统充电时产生的无功常常超出实施充电的发电机的无功吸收能力,可能会导致线路末端出现过电压。第二,并行恢复,是将系统分成几个子系统同时恢复,各子系统同步恢复后,再将整个网络连接起来。

以上方法过于复杂,为了解除以上问题的条件限制,在黑启动过程中,全钒液流电池储能系统能在电力系统功率缺失时,快速向电力系统提供功率支撑,保证电力系统的安全可靠运行。而在电力系统直流电压较高时,全钒液流电池储能系统进入充电状态,吸收多余的电能,不仅维持了电网侧直流电压位于正常范围内,而且也为下一次负荷波动做准备。

2013 年 3 月,辽宁卧牛石风电场 5MW×2h 全钒液流电池储能电站一次送电成功,成为以全钒液流电池方式储能的国内最大的储能电站。卧牛石风电场位于沈阳市法库县卧牛石镇,目前装机容量 49.5MW,卧牛石全钒液流电池储能系统总装机容量 5MW,是目前国内规模最大的全钒液流电池储能系统,该储能系统目前已经并网投入试运行。应用全钒液流电池进行黑启动是解决现代大规模停电事故的有效方法,全钒液流电池缓解发电机组在启动过程中的间歇性和波动性,全钒液流电池作为黑启动电源,帮助电网迅速恢复供电,保证用电区域的供电可靠。

5.2　全钒液流电池黑启动方法

5.2.1　黑启动关键技术

以往的黑启动过程主要是：启动厂用柴油发电机向厂用母线供电，进行直流起励升压，当额定电压达到 90% 以上时断开起励开关，随后将励磁系统及调速器切换至自动运行方式，待系统稳定后对出口线路及变压器进行充电，恢复目标应为邻近火电厂的机组辅机，并且通过相应的控制逻辑启动具有一定容量的带基础负荷的火电机组，即可进入网架重构阶段和负荷恢复阶段。

由以往的黑启动过程可知，黑启动电源的选址需要同邻近的火电厂进行协调，恢复路径应尽可能短且电压转换次数应尽量少；而风电参与黑启动的过程将主要集中在以下两种情况：一是风电场附近的火电厂机组进行启动，通过类似传统的黑启动过程恢复火电厂供电，进而启动火电机组；二是高密度风电场群通过一定的恢复路径提升局部系统容量，网架重构阶段通过并行恢复策略加速黑启动过程。

当今使用最多的风力发电机组类型为双馈异步风力发电机组和永磁直驱风力发电机组，两者均具备变桨控制功能，能够快速控制风力发电机组输出功率，理论上可在全范围内调整出力，通过限功率运行可在一定程度上平抑功率波动。当系统发生事故时，永磁直驱风力发电机组能够避免从网侧汲取无功电流，同时其网侧变流器具备无功电压调节能力，与固定转速风力发电机组和双馈异步风力发电机组相比，更有利于提高系统的稳定性；同时，风力发电机组与永磁同步发电机组进行连接的方式避免了通过齿轮箱等机械传动机构造成的可靠性降低的问题。

风电场内静止无功发生器的配置为黑启动场景下孤立小系统提供了一定的无功电压支撑，但鉴于静止无功发生器在启动瞬间会吸收一定容量的有功功率，对孤立小系统的稳定性有较大影响。

为了解决以上问题，采用全钒液流电池储能系统进行黑启动，在当前的风储系统自启动过程中，全钒液流电池储能系统采用 V/f 控制策略放电作为主控电源，风力发电系统采用 PQ 控制策略作为从控电源，全钒液流电池储能系统能够为电网系统黑启动提供刚性的电压、频率和一定量的功率支撑。

5.2.2　全钒液流电池储能系统在黑启动过程中的运行方式

基于风电场进行黑启动过程中存在的问题,提出风电场与全钒液流电池储能系统的风电黑启动方法。

储能单元启动过程:全钒液流电池储能系统自启动除了储能单元逆变器的启动外,还需要外部电源来启动带动电解液循环泵,全钒液流电池储能系统完成自启动,如图 5.1 所示。

单个全钒液流电池储能单元完成自启动后,还需要带动其他单元以完成整个全钒液流电池储能系统的自启动,此时储能系统的控制方式为主从控制方式。由主控电源和从控电源组成容量配比可改变的全钒液流电池储能逆变单元,再通过线路、变压器和开关连接至母线。

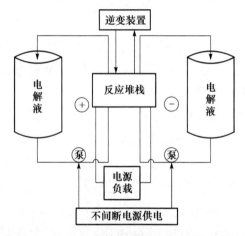

图 5.1　全钒液流电池储能系统自启动示意图

5.2.3　全钒液流电池的风储火系统的运行特性分析

风储火系统中,某电厂两台火电机组的容量的占系统总容量的 70%,是整个系统的支撑电源,能够在局域电网进行后续恢复时发挥主要作用。火电机组能够输出稳定可靠的功率,但受机组原动机、定子电流、励磁电流等的约束,其有功输出与无功输出能力之间存在相互制约。如图 5.2 中曲线 1 所示,随着有功输出的增大,火电机组的无功运行极限不断减小,并且其进相运行能力远小于滞后运行能力。

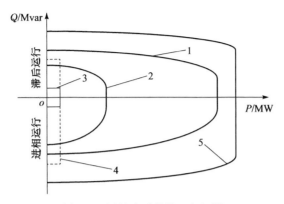

图 5.2　风储火系统的运行极限

1.火电机组运行能力曲线；2.双馈异步发电机组运行能力曲线；3.全钒液流电池储能
系统运行能力曲线；4.全钒液流电池储能型风电场运行能力曲线；5.风储火系统运行能力曲线

储能型风电场占风储火系统总容量的 30% 左右,其中双馈异步风力发电机组和全钒液流电池储能系统均具备灵活的无功双向调控能力。双馈异步风力发电机组的无功可由定子和网侧变频器共同产生,其定子的无功极限可表示为

$$Q_{\text{wts, min}} \leqslant Q_{\text{wts}} \leqslant Q_{\text{wts, max}} \tag{5.1}$$

$$Q_{\text{wts, max}} = -\frac{U_s^2}{2X_s} + \sqrt{\left(\frac{3}{2}\frac{X_m}{X_s}U_s I_{\text{r, max}}\right)^2 - P_{\text{wts}}^2} \tag{5.2}$$

$$Q_{\text{wts, min}} = -\frac{U_s^2}{2X_s} - \sqrt{\left(\frac{3}{2}\frac{X_m}{X_s}U_s I_{\text{r, max}}\right)^2 - P_{\text{wts}}^2} \tag{5.3}$$

式中,P_{wts}、Q_{wts} 为双馈异步风力发电机组定子有功输出与无功输出;X_s 为双馈异步风力发电机组定子电抗;X_m 为双馈异步风力发电机组定转子的互感电抗;U_s 为双馈异步风力发电机组定子电压;$I_{\text{r, max}}$ 为双馈异步风力发电机组转子侧变频器的最大电流。

双馈异步风力发电机组网侧变频器的无功极限可表示为

$$-\sqrt{S_{\text{wtg, max}}^2 - P_{\text{wtg}}^2} \leqslant Q_{\text{wtg}} \leqslant \sqrt{S_{\text{wtg, max}}^2 - P_{\text{wtg}}^2} \tag{5.4}$$

式中,P_{wtg}、Q_{wtg} 为双馈异步风力发电机组网侧变压器的有功输出与无功输出;$S_{\text{wtg, max}}$ 为双馈异步风力发电机组网侧变频器的最大容量。

每台双馈异步风力发电机组的无功极限则可表示为

$$\begin{cases} Q_{\text{wt, max}} = Q_{\text{wts, max}} + \sqrt{S_{\text{wtg, max}}^2 - P_{\text{wtg}}^2} \\ Q_{\text{wt, min}} = Q_{\text{wts, min}} - \sqrt{S_{\text{wtg, max}}^2 - P_{\text{wtg}}^2} \end{cases} \tag{5.5}$$

全钒液流电池储能型风电场内含有 33 台双馈异步风力发电机组,其无功极限可用式(5.6)表示,如图 5.2 中曲线 2 所示。

$$
\begin{cases}
Q_{w,\max} = \sum_{i=1}^{33} Q_{wt,i,\max} \\
Q_{w,\min} = \sum_{i=1}^{33} Q_{wt,i,\min}
\end{cases}
\tag{5.6}
$$

全钒液流电池储能系统的无功极限主要受其功率转换系统逆变器容量的限制,可用式(5.7)表示,如图 5.2 中曲线 3 所示。

$$
\begin{cases}
|P_B| = P_{B,\max} \\
-\sqrt{S_{VSC}^2 - P_B^2} \leqslant Q_B \leqslant \sqrt{S_{VSC}^2 - P_B^2}
\end{cases}
\tag{5.7}
$$

于是,全钒液流电池储能型风电场的总无功极限可表示为

$$
\begin{cases}
Q_{z,\max} = Q_{w,\max} + \sqrt{S_{VSC}^2 - P_B^2} \\
Q_{z,\min} = Q_{w,\min} - \sqrt{S_{VSC}^2 - P_B^2}
\end{cases}
\tag{5.8}
$$

通过对式(5.1)~式(5.8)进行分析可知,双馈异步风力发电机组和全钒液流电池储能系统的有功输出越大,储能型风电场整体的无功极限越小。由于风储火系统内风电的渗透率较大,若双馈异步风力发电机组运行于最大风能追踪模式,则其有功输出将随风速发生随机变化,会对风储火系统造成较大冲击,使其难以稳定运行。若令双馈异步风力发电机组限电弃风运行,使其有功输出不随风速随机变化,并通过与全钒液流电池储能系统进行协调,就能使储能型风电场保持相对稳定的有功输出,从而提高风储火系统的稳定性。另外,由于双馈异步风力发电机组运行于限电弃风状态,风电场也就具有了更大的无功调控能力,如图 5.2 中曲线 2 所示。因此,本节将全钒液流电池储能系统的最大放电功率作为储能型风电场的有功输出命令,在该情况下,全钒液流电池储能型风电场整体的无功极限就如图 5.2 中曲线 4 所示。

综上所述,若能对火电机组和全钒液流电池储能型风电场进行协调控制,使风储火系统在整体上具备图 5.2 中曲线 5 所示的运行能力,即在具备不亚于火电机组有功输出能力的同时,又具备更强的无功调控能力,将对提高局域电网的后续恢复速度具有重要作用。

系统层控制单元通过对火电厂和全钒液流电池储能型风电场端口电压的协调控制,能够在提高风储火系统电压稳定性的同时,优先利用全钒液流

电池储能型风电场的无功输出能力；火电厂控制单元能够根据系统下层发的电压指令调整其火电机组的励磁电压，从而实现对火电厂端口电压的控制；全钒液流电池储能型风电场控制单元能够根据系统层下发的电压指令整定其无功输出，并可将无功整定值和有功设定值分配至全钒液流电池储能系统和每台风力发电机组，进而实现对全钒液流电池储能型风电场端口电压的调整，并使全钒液流电池储能型风电场能够输出相对稳定的有功功率；机组层控制单元能够使风力发电机组和全钒液流电池储能系统根据储能型风电场层控制单元下发的功率命令输出指定功率，并能使风力发电机组和全钒液流电池储能系统参与电网调频，提高了风储火系统的频率稳定性。

5.3　风储联合发电系统黑启动关键技术及优化策略

风力发电能够作为黑启动电源主要是由于电池储能与风力发电的配合，使风储联合发电系统能够稳定运行。电力系统具有多种电能存储方式，全钒液流电池储能作为化学储能方式，具有容量大、转换效率高、寿命长等优点，并且已被广泛应用在配合新能源发电方面。本节结合风储联合发电系统黑启动特点，论述风储联合发电系统黑启动过程中存在的关键技术及优化控制策略。

5.3.1　风储联合发电系统黑启动的特点

储能设备具有动态吸收和释放能量的特点，在风电场中合理配置储能，形成风储联合发电系统，能有效弥补风电的间歇性和波动性，减少弃风损失，提高风电输出功率的可控性与稳定性，并改善电能质量及优化系统运行的经济性。风储联合发电系统不仅在运行时能够平滑风场出力和改善电能质量，同时也能作为电网黑启动时的备用启动电源，是实现电网黑启动的途径之一。

1. 风储联合发电系统的运行特点

风储联合发电系统能够平滑风场出力，根据风力值的变化和储能系统容量的限制，将利用储能系统平滑风机的有功出力，实现不弃风，以及使风场的输出功率相对稳定。

2. 黑启动孤岛稳定

风储联合发电系统作为电网黑启动的备用电源工作时,首先由储能部分带动风力发电机组启动。风力发电机组启动后形成了一个小的孤岛系统,此时系统的功率平衡功能需储能系统来完成。储能系统将风力发电机组发出的多余电力进行存储,此时启动风力发电机组总的有功出力不应超过储能系统容量,风力发电机组与储能系统共同组成的风储联合发电系统需要能够保证孤岛系统的稳定运行。

3. 含负荷冲击的孤岛系统稳定

风储联合发电系统在实现孤网运行后,系统在干扰下和负荷冲击下能否保持稳定运行,是风储联合发电系统能否作为黑启动电源实现黑启动的关键。

根据以上特点,风储联合发电系统黑启动的一般过程是:利用少量的电池储能系统,逐组启动风电场的风力发电机组,并逐步增加负荷,形成由风储联合发电系统构成的孤岛系统,进而启动附近的火电机组,实现局部电网的恢复。

在利用风储联合发电系统作为黑启动电源时,应首先启动全钒液流电池储能系统,以风电场建立起稳定的外部电压,利用全钒液流电池储能系统对风力发电机组的箱变等进行空载充电,并进一步为风力发电机组的内部设备供电,从而满足风力发电机组的空载并网条件,使储能型风电场实现自启动。储能型风电场自启动后,按预案对黑启动路径上的输电线路、变压器等进行空载充电,并依次启动火电机组的大型辅机直至满足其启动条件,从而达到启动火电机组的目的。

5.3.2　风储联合发电系统黑启动关键技术

根据以上风储联合发电系统黑启动的特点,结合风力发电机组台数较多的情况,在对风力发电机组箱变空载充电时,多台变压器相继投入易产生较大的励磁涌流与和应涌流,会对全钒液流电池储能系统造成较大冲击,使储能型风电场难以实现自启动。储能型风电场自启动后运行于孤网状态,由于负荷较小,风力发电机组输出的功率需由全钒液流电池储能系统全部吸收,容易对全钒液流电池储能系统造成过度充电。储能型风电场的惯性较小,在空充输电线路、变压器和启动大型辅机时均会对其频率和电压造成冲击,储能型风电场孤网运行时的稳定性难以得到保证。因此,在传统的风储联合发电系统黑启动中,电网恢复初期涉及的主要技术问题有黑启动过程中线路过压问题、厂用负荷启动时的系统电压和频率校验问题以及黑启动过程中低频振荡现象问题。

1. 黑启动过程中线路过电压问题

黑启动过程中可能出现的线路过电压分为操作过电压和工频过电压。操作过电压是内部过电压的一种类型,发生在由于"操作"引起的过渡过程中。"操作"包括断路器的正常操作,如分、合闸空载线路或空载变压器、电抗器等;也包括各类故障,如接地故障、断线故障等。"操作"使系统的运行状态发生突然变化,导致系统内部电感元件和电容元件之间电磁能量的相互转换,这个转换常常是强阻尼的、振荡性的过渡过程。因此,操作过电压具有幅值高、存在高频振荡和强阻尼以及持续时间短等特点。

工频过电压是空载线路的电感-电容效应所引起的,在工程中当线路距离较短时,可以忽略线路分布特性,用集中参数的电感和电容来表示。由于空载线路的工频容抗大于工频感抗,在电源电势的作用下,线路中的电容电流在感抗上的压降将使容抗上的电压高于电源电势,即空载输电线路上的电压高于电源电压从而形成工频电压升高。一般操作过电压的倍数要远远大于工频过电压,且操作过电压和工频过电压的允许范围有所差异。

2. 厂用负荷启动时的系统电压、频率校验问题

对空载长线路进行空充后,若线路末端过电压在允许范围内,下一步的任务就是启动无自启动能力的发电机辅机。投入辅机的瞬间,初期恢复系统的频率和电压会受到很强烈的冲击。因此,为确保黑启动过程的顺利进行,应对厂用负荷启动过程中的电压和频率问题进行优化。

3. 黑启动过程中低频振荡现象的问题

火电机组被启动以后,风储联合发电系统和火电机组并列运行时,由于全钒液流电池储能系统、风电和水电的调节系统特性相差较大,可能引起子系统内的低频振荡,造成机组有功功率摆动,甚至不能稳定运行。系统出现低频振荡时,可通过投运参数选择恰当的电力系统稳定器来感受发电机转

速或电磁功率的变化,适当调整励磁机电流,改变发电机机端电压,从而达到阻尼功率振荡的目的,提高电力系统的稳定性。此外,正确调整潮流分布也可以消除振荡。

5.3.3　风储联合发电系统黑启动协调优化策略

综合风储联合发电系统黑启动的技术问题,为保证储能型风电场能够在带动火电机组辅机启动的同时,还能对其中全钒液流电池储能系统的运行状态进行优化,保障风储联合发电系统黑启动过程的顺利进行,以下提出一种有效的储能系统与风电场的功率协调控制策略。

为了使全钒液流电池储能系统的荷电状态能够维持在一定范围内,建立了储能型风电场层有功控制器,当荷电状态偏离设定值时,能够根据荷电状态情况实时调整风电场的有功输出。为了减小全钒液流电流储能系统的无功电流,提高全钒液流电池储能系统的功率调节裕度,同时降低对逆变器的容量配置需求,建立了储能型风电场层无功控制器,根据全钒液流电池储能系统的无功输出实时调整整个风电场的无功输出,充分利用风力发电机组的无功调节能力。通过对双馈风力发电机组的有功与无功极限约束进行分析,建立风电场功率命令分配模型,将风电场层有功控制器与无功控制器的功率命令分配至每台风力发电机组,使每台风力发电机组均按命令输出特定功率,从而实现对全钒液流电池储能系统运行状态进行优化的整体目标,协调控制策略如图5.3所示。

为使风电场母线的频率和电压能够保持稳定,采用 V/f 控制策略对全钒液流电池储能系统进行控制,一般将其频率参考值 $f_{b,ref}$ 和电压设定值 $V_{b,ref}$ 均设为1。双馈风力发电机组的转子侧变频器采用基于电网电压矢量定向控制技术进行控制,通过改变其功率设定值 $P_{i,ref}$ 和 $Q_{i,ref}$ 对其功率输出进行主动调整。为了减小风电场的功率波动,使其运行于限电弃风状态。在双馈风力发电机组的转子侧变频器中引入下垂控制模块,能够使机组辅助电池储能系统参与系统的调频与调压。

全钒液流电池储能系统采用 V/f 控制策略进行控制时,本质上相当于系统的平衡节点,无法对其有功输出 P_b 和无功输出 Q_b 进行直接控制;双馈风力发电机组则相当于系统的 PQ 控制,通过主动调整其有功输出与无功输出实现对全钒液流电池储能系统功率输出的间接调整,从而完成对全钒液流电池储能系统运行状态的优化。

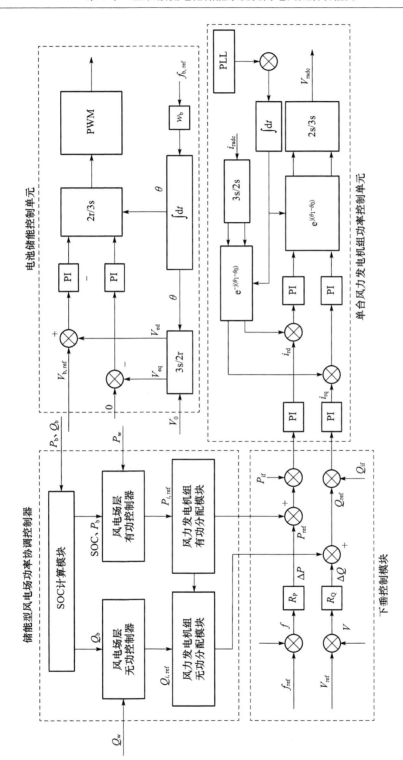

图 5.3　全钒液流电池储能系统与风力发电机组的本地协调控制策略

1. 储能型风电场层有功控制器

为了使全钒液流电池储能系统的荷电状态能够维持在设定区间内,同时避免对风电场有功输出的频繁调整,建立了储能型风电场层有功控制器。该控制器要利用超短期风电功率预测系统对风电场下一时刻的风速进行预测,并根据风速预测值评估风电场下一时刻的最大可输出有功功率 $P_{w,max}$。将电池储能系统荷电状态的区间设为 $[SOC_{min}, SOC_{max}]$,根据全钒液流电池储能系统的荷电状态及其变化趋势对风电场的有功输出命令进行调整。

(1) 当全钒液流电池储能系统的荷电状态小于其最小值 SOC_{min} 时,可通过适当调整风电场下一时刻的有功输出命令 $P_{w,ref}$ 以增大其有功输出,从而减小全钒液流电池储能系统的放电功率或使全钒液流电池储能系统由放电状态转变为充电状态,达到增大其荷电状态的目的。但需注意的是,风电场的有功输出命令值 $P_{w,ref}$ 必须小于下一时刻的最大可输出功率 $P_{w,max}$。

(2) 当全钒液流电池储能系统的荷电状态大于其最大值 SOC_{max} 时,可通过适当调整风电场下一时刻的有功输出命令 $P_{w,ref}$ 以减小其有功输出,从而间接增大电池储能系统的放电功率,达到降低其荷电状态的目的。

(3) 当全钒液流电池储能系统的荷电状态逐渐增大至最大值 SOC_{max} 时,采用有功功率调节模块,根据全钒液流电池储能系统的有功输出 P_b 实时调整风电场的有功输出命令 $P_{w,ref}$,通过降低风电场的有功输出将全钒液流电池储能系统的有功输出 P_b 调整为 0,使全钒液流电池储能系统的荷电状态维持在 SOC_{max}。调节模块中包含比例-积分(PI)控制器,如图 5.4 所示。

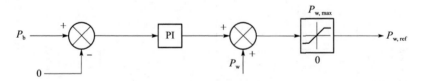

图 5.4　风电场有功功率调节模块

P_b. 电池储能系统当前时刻的有功输出; P_w. 风电场当前时刻的有功输出;

$P_{w,max}$. 最大可输出有功功率; $P_{w,ref}$. 风电场的有功输出命令值

(4) 当全钒液流电池储能系统的荷电状态逐渐减小至 SOC_{min} 时,同样采用图 5.4 所示的有功功率调节模块,根据全钒液流电池储能系统的有功输出 P_b 实时调整风电场的有功输出命令 $P_{w,ref}$,以增大风电场的有功输出,将全钒液流电池储能系统的放电功率调整为 0,使其荷电状态维持在 SOC_{min}。

2. 储能型风电场层无功控制器

为了提高全钒液流电池储能系统的功率调节裕度,使全钒液流电池储能系统在辅机投入时能够具有充足的功率调整能力以维持储能型风电场的稳定运行,本节建立了储能型风电场层无功控制器。该控制器根据全钒液流电池储能系统的无功输出 Q_b 实时调整风电场的无功输出命令值,通过控制风电场的无功输出将全钒液流电池储能系统无功输出 Q_b 调整为 0,如图 5.5 所示。

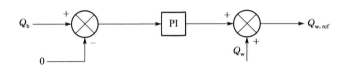

图 5.5　风电场无功功率调节模块

Q_b. 全钒液流电池储能系统实时调整风电场的无功输出命令值;

Q_w. 风电场当前时刻的无功输出; $Q_{w,ref}$. 下一时刻风电场的无功功率输出命令值

3. 风电场功率命令分配策略分析

为了使风电场能够根据储能型风电场层有功控制器和无功控制器的功率命令调整其有功输出和无功输出,应对双馈异步风力发电机组的有功极限与无功极限进行分析,可建立风电场功率分配模型。根据不同风力发电机组的风电功率预测值,确定分配至每台风力发电机组的有功功率命令,实时计算风力发电机组的无功功率极限,确定分配至每台风力发电机组的无功功率命令。

4. 风力发电机组有功极限与无功极限分析

采用矢量定向控制技术分别对双馈异步风力发电机组的转子侧变频器和网侧变频器进行控制,能够实现对其有功功率和无功功率的解耦控制,但受机组容量限制,机组的有功输出极限与无功输出极限相互制约。双馈异步风力发电机组定子的功率输出能力主要受转子电流、转子电压以及定子电流等因素影响。当受机组的转子电流限制,$|I_r| < I_{r,max}$ 时,机组定子的视在功率可表示为

$$S_1 = -\frac{U_s - Z_m I_r}{Z_s + Z_m} + \mathrm{Re}\left[-\frac{Z_m U_s + I_r(Z_r Z_m + Z_s Z_m + Z_s Z_r)}{Z_s + Z_m} s I_r^*\right] \quad (5.9)$$

式中,Z_s 为定子阻抗;Z_r 为转子阻抗;Z_m 为互感阻抗;s 为转差率。

当受机组的转子电压限制,$|U_r| < U_{r,max}$ 时,机组定子的视在功率可表示为

$$S_2 = -U_s \left[\frac{U_s(Z_r + Z_m) - Z_m U_r/s}{Z_r Z_m + Z_s Z_m + Z_s Z_r} \right]^* + \mathrm{Re}\left\{ -U_r \left[\frac{-U_s Z_m + U_r(Z_r + Z_m)/s}{Z_r Z_m + Z_s Z_m + Z_s Z_r} \right]^* \right\}$$

(5.10)

当受机组的定子电流限制,$|I_s| < I_{s,max}$ 时,机组定子的视在功率可表示为

$$S_3 = \mathrm{Re}\left[\left(I_s \frac{Z_s Z_m + Z_r Z_m + Z_s Z_r}{Z_m} - \frac{Z_r + Z_m}{Z_m} U_s \right) s \left(\frac{U_s - I_s Z_s + I_s Z_m}{Z_m} \right)^* \right] - U_s I_s^*$$

(5.11)

通过控制,机组的网侧变频器也能与电网之间进行无功交换,其向电网输出的视在功率 S_g 可表示为

$$S_g = \sqrt{S_{g,max}^2 - P_{all}\left(\frac{s}{1-s} \right)^2}$$

(5.12)

式中,$S_{g,max}$ 为网侧变流器最大容量;P_{all} 为定子输出的有功功率。

根据式 $S_1 + S_g$、$S_2 + S_g$、$S_3 + S_g$ 可得到双馈异步风力发电机组在 PQ 平面上的有功功率与无功功率约束曲线($s = -0.2$),机组的有功功率与无功功率极限由转子电压、定子电流和转子电流三条曲线的交集所确定,如图 5.6 所示。

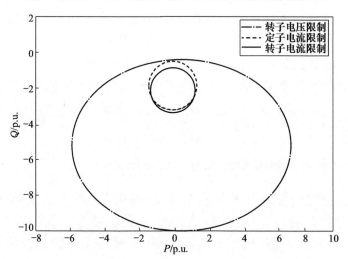

图 5.6　考虑网侧变流器输出的风力发电机组功率约束曲线

对图 5.6 中 $P > 0$ 的区域进行局部放大,可以更加直观地看出,随着风力发电机组有功输出的增加,风力发电机组的无功功率极限明显减小,如图 5.7 所示。

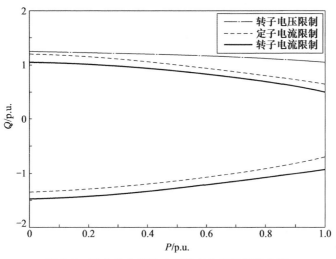

图 5.7　风力发电机组功率约束曲线局部放大图

风力发电机组的有功分配模块根据风电功率预测系统数据确定每台风力发电机组下一时刻的最大可输出有功功率 $P_{i,\max}$，并根据式(5.13)将风电场层有功控制器的有功输出命令 $P_{\mathrm{w,ref}}$ 实时分配至各台风力发电机组。

$$P_{i,\mathrm{ref}} = \frac{P_{i,\max}}{\sum\limits_{j=1}^{n} P_{j,\max}} P_{\mathrm{w,ref}} \tag{5.13}$$

式中，$P_{i,\mathrm{ref}}$ 为下一时刻第 i 台风力发电机组的有功输出参考值。

5. 风力发电机组的无功分配模块

已知风力发电机组分配的有功命令 $P_{i,\mathrm{ref}}$，根据约束曲线对其无功极限进行实时计算，以获得风力发电机组可输出的最大无功 $Q_{i,\max}$。将风电场的最大无功出力 $\sum Q_{i,\max}$ 与风电场层无功控制器的无功输出命令 $Q_{\mathrm{w,ref}}$ 进行比较，若 $Q_{\mathrm{w,ref}} > \sum Q_{i,\max}$，则每台风力发电机组只需按其功率极限输出无功功率即可，即 $Q_{\mathrm{w,ref}} = Q_{i,\max}$；若 $Q_{\mathrm{w,ref}} < \sum Q_{i,\max}$，则按式(5.14)将无功命令 $Q_{i,\mathrm{ref}}$ 分配至每台风力发电机组。

$$Q_{i,\mathrm{ref}} = \frac{Q_{i,\max}}{\sum\limits_{j=1}^{n} Q_{j,\max}} Q_{\mathrm{w,ref}} \tag{5.14}$$

式中，$Q_{i,\mathrm{ref}}$ 为下一时刻第 i 台风力发电机组的无功输出参考值。

结果表明，利用以上控制策略，能够使风储联合发电系统黑启动过程中保持系统频率和电压的稳定；能够对全钒液流电池储能系统的荷电状态进行调整,使其维持在设定范围内;能够减小全钒液流储能系统电流,增大全钒液流电池储能系统的功率调节裕度;提高储能型风电场作为黑启动电源的可靠性。该控制策略的提出也便于后续研究中更经济合理地进行全钒液流储能系统容量配置。

5.4 典型风储联合发电系统黑启动

5.4.1 典型风储联合发电系统黑启动方案

卧牛石风电场属于龙康风电的一部分,卧牛石 33 台风力发电机组共49.5MW,风力发电机组分三条线路接入风电场 35kV 母线上,同时接入35kV 母线的还有 5MW 的全钒液流电池储能系统,风力发电机组和电池储能系统所发的电能经过两次变电进入 220kV 输电系统中。在利用卧牛石风电场远程黑启动调兵山煤矸石发电厂方案中,所选黑启动路径为龙瓷线—瓷法线—法调线,到达调兵山煤矸石发电厂母线后,充电启备变,启动调兵山煤矸石发电厂辅机,进而成功黑启动调兵山煤矸石发电厂。黑启动区域地理接线图如图 5.8 所示。

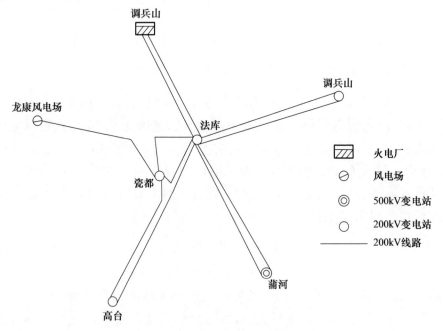

图 5.8 黑启动区域地理接线图

卧牛石风电场若实现启动 5.2MW 辅机的黑启动方案,需满足储能总容量为 6MW,储能充放比例为 5:1,其中主储单元(V/f)为 5MW,从储单元(P/Q)为 1MW,风力发电机组总出力不大于 1MW 的功率判据条件。表 5.1 为典型风储联合发电系统黑启动实现技术条件。

表 5.1　典型风储联合发电系统黑启动实现技术条件

储能总容量	储能充放比例	风力发电机组出力	辅机容量	平均风速	风速波动	储能电量
6MW	5:1	1MW	5.2MW	10m/s	3~10m/s	>20%

其他物理条件:平均风速应在 10m/s(单台风力发电机组出力为 1MW)范围之内,风速波动应保证风速波动上限不超过 10m/s,下限不低于 3m/s(风储联合出力),储能电池容量应处于 20% 之上(小于 20% 的容量充电/放电的电池启动时间过长),且有 1MW 的储能处于可充电状态。

卧牛石风电场储能示范电站采用 5MW×2h 全钒液流电池,储能系统由 15 个 352kW×2h 全钒液流电池单元系统组成,每 3 个 352kW×2h 全钒液流电池单元系统组成 1 套 1MW×2h 全钒液流电池储能系统。

对于储能系统的改造方案如下:

(1) 增加储能容量,使其总容量达到 5MW+1MW。

(2) 实现主储单元容量达到 5MW。

储能电池可以通过以下两个方案来实现多个单元 352kW 级联成为 5MW。

方案一:先启动主单元容量为 0.352MW 的电池储能系统,再以主从的方式启动相同容量的电池储能系统,当主从模式工作的电池储能系统稳定运行后,采用锁相技术测出主控单元频率及相位,同时将从控单元电池储能系统由从控模式变为主控模式,则主控单元的容量翻倍,如此往复直至容量为 5MW。

方案二:改进硬件控制部分,使 5MW 电池储能系统接口逆变回路的触发脉冲统一控制成为一个主控单元。调节储能逆变单元自启动后,由储能群组与风力发电机组所构成的小系统模式下,以储能群组作为主控单元为风储联合发电系统运行提供电压频率参考,风力发电系统作为从控单元采用 PQ 控制跟踪电池储能系统主控单元提供的电压和频率,并搭配负载有效合理分配和平衡风能、储能以及电网间的能量流动,风电与储能的配合构成了风储联合发电系统的主从控制方式,为整个电网黑启动提供可靠的电压和功率支持。

5.4.2　典型风储联合发电系统黑启动仿真及电气校验

1. 典型风储联合发电系统黑启动建模及仿真

以卧牛石风电场参数为例,选择一台风力发电机组(假设平均风速10m/s)与电池储能系统构成风储联合发电系统,储能 V/f 控制策略放电容量 5MW、风力发电机组额定容量 1.5MW(风速 10m/s、出力 1MW)、储能 PQ 控制策略充电容量 1MW、辅机容量 5.2MW,风储联合发电系统作为黑启动电源经过线路启动软启动方式的辅机,模拟实际过程设计了仿真流程如表 5.2 所示。仿真结果如图 5.9 所示。

表 5.2　风储联合发电系统启动辅机(一台风力发电机组)仿真流程顺序表

启动顺序时间/s	系统状态
0	5MW 储能 V/f 控制策略投入运行,1MW 储能 PQ 控制充电投入运行
0.5	风力发电机组投入运行,额定容量 1.5MW,风速 10m/s,出力 1MW
4.0	5.2MW 异步机(软启动)投入运行
4.1	1MW 储能 PQ 控制策略充电停止运行

从图 5.9 可以看出,$T=4.0s$ 之前,一台风力发电机组投入运行,风储联合发电系统能够达到稳定状态,电压与功率存在小幅波动。$T=4.0s$ 时辅机(容量 5.2MW 软启动)投入运行,辅机有功和无功存在突变,且瞬间电压和频率均受到冲击,储能系统通过 V/f 控制策略进行调节,使风储联合发电系统达到新的平衡点稳定运行,母线电压下降到 33.3kV 且稳定,但并未超过限制。由于软启动时间较长,辅机的有功功率缓慢增加,稳定后达到 6MW(包括 0.8MW 的线路损耗)。因此,可近似认为辅机启动成功。

2. 电气校验

1) 单回线分段充电方案

分段充电即分段合闸黑启动线路,合闸点是各变电站出口断路器,待一段输电线路电压稳定后再充电与其相邻的下一段输电线路。图 5.10 是单回线分段充电方案仿真图,断路器 Brk1 在 2s 时合闸,断路器 Brk2 在 7s 时合闸,断路器 Brk3 在 12s 时合闸,在每段线路末端设置电表测量每段线路末端的过电压。图 5.11~图 5.13 分别是每段线路末端三相电压波形图。

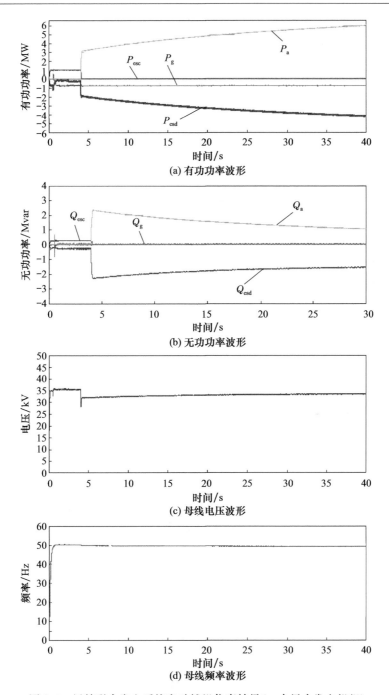

图 5.9　风储联合发电系统启动辅机仿真结果(一台风力发电机组)

P_a. 辅机有功功率；P_{esc}. 储能有功功率(放电模式)；P_{esd}. 储能有功功率(充电模式)；P_g. 风机有功功率；
Q_a. 辅机无功功率；Q_{esc}. 储能无功功率(放电模式)；Q_{esd}. 储能无功功率(充电模式)；Q_g. 风机无功功率；

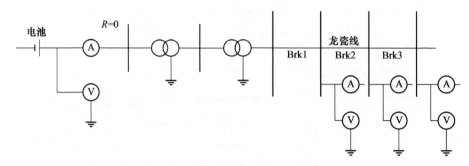

图 5.10　单回线分段充电方案仿真图

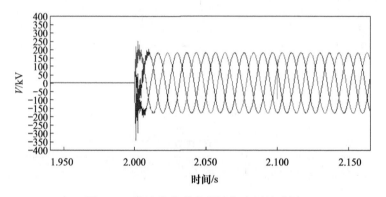

图 5.11　充电龙瓷线末端三相电压波形图

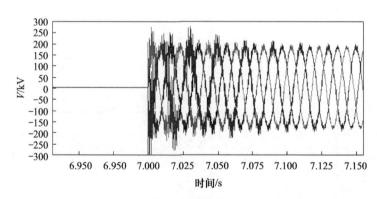

图 5.12　充电瓷法线末端三相电压波形图

单回线分段空充输电线路的操作过电压、工频过电压及倍数见表 5.3，220kV 电压等级线路正常电压峰值为：$\sqrt{2} \times 220(1+5\%)/\sqrt{3}$ kV，从而求得各类过电压的倍数。从表 5.3 中可以得出，空充龙瓷线相电压最大值为 252.5kV，过电压倍数为 1.34；空充瓷法线相电压最大值为 275kV，过电压

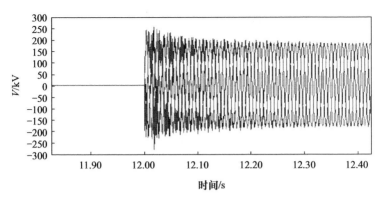

图 5.13　充电法调线末端三相电压波形图

倍数为 1.46；空充法调线相电压最大值为 258kV，过电压倍数为 1.37。最大过电压出现在空充瓷法线的过程中，为 275kV。

《交流电气装置的过电压保护和绝缘配合》(DL/T 620—1997)中过电压保护规程对操作过电压的信数规定见表 5.4[32]，在分段充电方案中，各操作过电压和工频过电压都未超过 220kV 系统过电压倍数 3.0 的规定，满足过电压保护规程的要求。

表 5.3　单回线分段充电方案的过电压及倍数

| 空充输电线路 | 龙瓷线末端 | | 瓷法线末端 | | 法调线末端 | |
过电压分类	最大峰值/kV	倍数	最大峰值/kV	倍数	最大峰值/kV	倍数
操作过电压	252.5	1.34	275	1.46	258	1.37
工频过电压	182	0.96	186	0.99	189	1.01

表 5.4　过电压保护规程对操作过电压的倍数规定[32]

电压等级	操作过电压倍数规定
30～65kV 及以下系统	4.0
110～145kV 系统(非直接接地)	3.5
110～220kV 系统(直接接地)	3.0
330kV 系统(直接接地)	2.8
500kV 系统(直接接地)	2.0

2) 单回线直接充电方案

直接充电是指在太平哨电厂主变出口母线合闸，一次性空充整个黑启动线路。图 5.14 是单回线直接充电方案仿真图，断路器 Brk1 在 2s 时合闸,设置电表测量线路末端的过电压。图 5.15 是热电厂母线三相电压波形图。

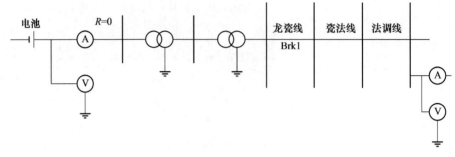

图 5.14　单回线直接充电方案仿真图

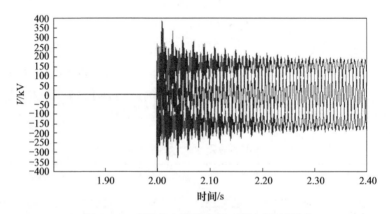

图 5.15　直接充电线路末端三相电压波形图

　　单回线直接充电黑启动线路的操作过电压、工频过电压及倍数见表 5.5。从表中可以得出,直接充电线路末端相电压最大值为 386kV,过电压倍数为 2.05,大于分段充电时出现的最大操作过电压 275kV。在直接充电方案中,各操作过电压和工频过电压都未超过 220kV 系统过电压倍数 3.0 的规定,满足过电压保护规程的要求。

表 5.5　单回线直接充电方案过电压及倍数

空充输电线路	直接充电结果	
过电压分类	最大峰值/kV	过电压倍数/kV
操作过电压	386	2.05
工频过电压	195	1.03

通过软件分别对卧牛石风电场远程启动调兵山煤矸石发电厂单回线直接充电方案和单回线分段充电方案进行仿真,所测得的各线路末端过电压倍数均未超过过电压保护规程规定的 220kV 电压等级的 3.0 倍限值。综上所述,在两种方案中单回线分段充电方案的过电压综合比较相对较优,是最佳的空充输电线路方案。以上仿真结果为制定卧牛石风储联合发电系统黑启动方案提供了重要的参考依据。

第6章 全钒液流电池储能系统提高电网安全稳定运行水平

电网的安全稳定运行对社会和经济发展具有重大意义,电网的稳定性主要体现为电网的抗扰动能力,即在扰动下电网保持某个运行状态的能力。本章将重点介绍全钒液流电池储能系统的无功输出特性、全钒液流电池储能系统调压能力分析、全钒液流电池储能系统提高小扰动稳定性以及全钒液流电池储能系统提高系统的暂态稳定性。

6.1 全钒液流电池储能系统的无功输出特性

全钒液流电池储能系统作为电网中的重要组成部分,可以在用电低谷时存储电能,在用电高峰时释放电能,起到了削峰填谷的作用,同时又可以平抑由负载投切引起的电网中的功率波动。而变流器作为全钒液流电池储能系统和电网之间连接的纽带,能够实现能量在全钒液流电池储能系统和电网之间的双向流动。因此,变流器是全钒液流电池储能系统中不可或缺的关键部分。全钒液流电池储能系统中的变流器不仅具有独立逆变功能,而且可进一步改善全钒液流电池储能系统的无功输出特性,对电网的安全稳定运行具有重要的意义。

6.1.1 电池-变流器拓扑结构及模型电路

电池-变流器拓扑结构如图 6.1 所示。由图 6.1 可知,变流器本质上是一个两电平 PWM 变换器,它能实现能量的双向传输。当变流器从电网吸收电能时,工作在整流状态;当变流器向电网释放电能时,工作在有源逆变状态[33]。当变流器运行在整流状态时,如果网侧电压和并网电流同相位,则变流器工作在单位功率因数状态,变流器呈现出正阻特性,功率因数为1;相反,当变流器运行在逆变状态时,如果网侧电压和并网电流反相位,则变流器工作在单位功率因数状态,变流器呈现出负阻特性,功率因数为−1。

由此可见,变流器实际上是一个可以工作在四象限运行的变换装置。

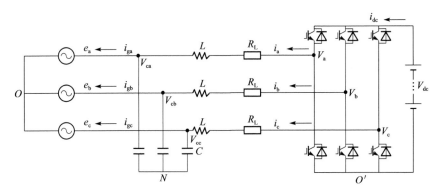

图 6.1　电池-变流器拓扑结构

C. 滤波电容；L. 滤波电抗器的电感；R_L. 等效电阻值；

i_a、i_b、i_c. 三相电感电流；i_{ga}、i_{gb}、i_{gc}. 三相并网电流；

V_a、V_b、V_c. 每个桥臂的输出电压；V_{ca}、V_{cb}、V_{cc}. 三相滤波电容电压；V_{dc}. 直流侧电压

电池-变流器拓扑结构的简化模型如图 6.2 所示。该模型电路由交流回路、交直流变流器和直流回路三部分组成。

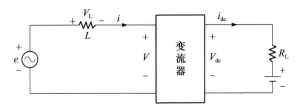

图 6.2　电池-变流器拓扑结构的简化模型

i. 交流侧的电流；i_{dc}. 直流侧的电流；V. 交流侧的电压；V_{dc}. 直流侧的电压

6.1.2　变流器对全钒液流电池储能系统无功输出特性的控制

变流器是全钒液流电池储能系统和电网之间连接的纽带,通过控制全钒液流电池储能系统的无功输出,为电网提供无功支撑,改善电网运行质量。

在图 6.2 中,如果忽略开关管中的能量损耗,则由功率平衡关系可得

$$(e - V_L)i = i_{dc}V_{dc} \tag{6.1}$$

从式(6.1)可以看出,通过电路交流侧的控制可以实现对直流侧的控制,反之亦然。接下来针对图 6.2 所示的模型电路对全钒液流电池储能系统的无功输出特性进行分析。假设电网电压为 E,交流侧电压为 V,网侧电

流为 I，网侧电感压降为 V_L，若以电网电压 E 为参考，则可得到交流侧各变量关系，如图 6.3 所示[34]。

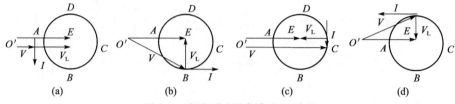

图 6.3　变流器交流侧各变量关系

由图 6.3 可以看出：当以电网电压 E 为参考时，通过控制交流侧电压 V 即可实现变流器对全钒液流电池储能系统无功输出特性的控制。变流器对全钒液流电池储能系统无功输出特性的控制规律如下：

（1）当交流侧电压 V 端点在圆轨迹 AB 上运动时，变流器运行于整流状态。此时，全钒液流电池储能系统通过变流器从电网吸收感性无功功率，电能将通过变流器由电网传输至全钒液流电池储能系统。当变流器运行至 B 点时，实现单位功率因数整流控制；当变流器运行至 A 点时，全钒液流电池储能系统不从电网吸收有功功率，而只从电网吸收感性无功功率。

（2）当交流侧电压 V 端点在圆轨迹 BC 上运动时，变流器运行于整流状态，此时，全钒液流电池储能系统通过变流器从电网吸收容性无功功率，电能将通过变流器由电网传输至全钒液流电池储能系统。当变流器运行至 C 点时，全钒液流电池储能系统将不从电网吸收有功功率，只从电网吸收容性无功功率。

（3）当交流侧电压 V 端点在圆轨迹 CD 上运动时，变流器运行于有源逆变状态。此时，全钒液流电池储能系统通过变流器向电网传输容性无功功率，电能将通过变流器由全钒液流电池储能系统传输至电网，当变流器运行至 D 点时，便可实现单位功率因数有源逆变控制。

（4）当交流侧电压 V 端点在圆轨迹 DA 上运动时，变流器运行于有源逆变状态。此时，全钒液流电池储能系统通过变流器向电网传输感性无功功率，电能将通过变流器由全钒液流电池储能系统传输至电网[35]。

6.2　全钒液流电池储能系统调压能力分析

电力系统电压稳定性是保证电力系统安全运行必备的条件之一。电力系统电压稳定性故障既有可能在输电网发生，也有可能在配电网出现。近年来,随着国民经济的发展以及电力市场化的发展,配电网负荷正在急剧地增长,致使配电网设备的运行越来越接近其稳定极限,配电系统出现电压失稳的可能性不断增加。另外,随着智能电网的发展,越来越多的电池储能系统并入配电网,全钒液流电池储能系统的不确定性进一步增加了配电网电压失稳的可能性[36]。

全钒液流电池储能系统提高电压稳定性的机理如下。

以单机无穷大系统为例,通过解析解的形式分析全钒液流电池储能系统对电力系统稳定性的影响,单机无穷大系统如图 6.4 所示[37]。

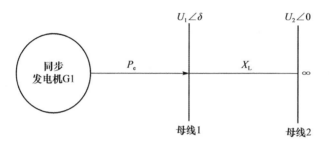

图 6.4　单机无穷大系统示意图

假设同步发电机 G1 的机械功率为 P_m(图中未标出);输出的电磁功率为 P_e;母线 1、2 的电压分别为 $U_1\angle\delta$ 和 $U_2\angle 0$,其中母线 1 代表发电机内节点;线路的电抗为 X(包含发电暂态电抗 X_d 和传输线路电抗 X_L)。忽略发电机阻尼及系统电阻的影响,因此发电机输出的电功率与无穷大母线接收的功率相等。同步发电机的摇摆方程为

$$M\frac{\mathrm{d}^2\delta}{\mathrm{d}t^2}=P_m-P_e \tag{6.2}$$

式中,M 为发电机的转动惯量;δ 为相对于无穷大系统的转子角度。

对式(6.2)进行线性化处理,可得

$$M\frac{\mathrm{d}^2\Delta\delta}{\mathrm{d}t^2}=\Delta P_m-\Delta P_e \tag{6.3}$$

在分析的时间段内假设输入的机械功率恒定,即 $\Delta P_m=0$。摇摆方程变为

$$M\frac{\mathrm{d}^2\Delta\delta}{\mathrm{d}t^2}=-\Delta P_e \tag{6.4}$$

即

$$\frac{\mathrm{d}^2\Delta\delta}{\mathrm{d}t^2}=-\frac{1}{M}\frac{\partial P_e}{\partial\delta}\Delta\delta=-\frac{K_s}{M}\Delta\delta \tag{6.5}$$

式中，K_s 为同步力矩系数；$\partial P_e / \partial \delta$ 为转子角曲线的斜率。

未接入全钒液流电池储能系统时，传输线路上传输的有功功率与两端母线电压的关系为

$$P_e = \frac{U_1 U_2}{X} \sin\delta \tag{6.6}$$

同步力矩系数为

$$K_s = \frac{\partial P_e}{\partial \delta} = \frac{U_1 U_2}{X} \cos\delta \tag{6.7}$$

在系统中传输线路中点处并联接入全钒液流电池储能系统，全钒液流电池储能系统可等效为一个注入电流源，等效电路如图 6.5 所示。

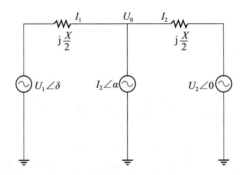

图 6.5　全钒液流电池储能系统并联接入时系统等效电路

设接入点的电压为 U_0，节点电流方程为

$$\frac{U_1 \angle \delta - U_0}{\mathrm{j}X/2} + \frac{U_2 \angle 0 - U_0}{\mathrm{j}X/2} + I_s \angle \alpha = 0 \tag{6.8}$$

则

$$U_2 = \frac{U_1 \angle \delta + U_2 \angle 0}{2} + \mathrm{j}\frac{X}{4} + I_s \angle \alpha \tag{6.9}$$

可推出电流为

$$I_1 = \frac{U_1 \angle \delta + U_2 \angle 0}{\mathrm{j}X} - \frac{1}{2} + I_s \angle \alpha \tag{6.10}$$

U_1 端线路传输的有功功率为

$$P_1 = \frac{U_1 U_2 \sin\delta}{X} - \frac{1}{2} + U_1 I_s \cos(\delta - \alpha) \tag{6.11}$$

同步力矩系数为

$$K_s = \frac{\partial P}{\partial \delta} = \frac{U_1 U_2 \cos\delta}{X} + \frac{1}{4} + U_1 I_s \sin(\delta - \alpha) \qquad (6.12)$$

全钒液流储能系统有额外的有功调节能力,可以调节输出电源的角度 α 以得到更大的同步转矩系数,从而提高电力系统的暂态稳定裕度[38]。

全钒液流电池储能系统接入前后的发电机功角曲线如图 6.6 所示。

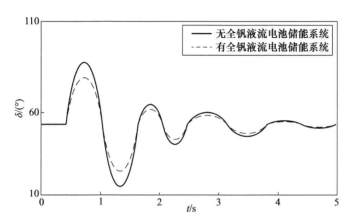

图 6.6　全钒液流电池储能系统接入前后的发电机功角曲线

从图 6.6 可以看出,接入全钒液流电池储能系统后,系统的功角稳定性增强。无电池储能系统条件下,系统在经过长时间后进入稳定,而接入全钒液流电池储能系统后,发电机的功角振荡幅度明显降低,短时间就可以基本恢复稳定。可见接入全钒液流电池储能系统可以提高系统电压稳定性。

6.3　全钒液流电池储能系统提高小扰动稳定性

6.3.1　全钒液流电池储能系统小扰动的分析方法

小扰动稳定性是指正常运行的系统在经历微小、瞬时出现但又立即消失的扰动后,能够恢复到原有运行状态;或者,这种扰动虽不消失,但可用原来的运行状态近似表示新出现的运行状态的能力。

特征值分析法是目前小扰动稳定性分析中应用最为广泛的一种方法,此方法以李雅普诺夫线性化方法为理论基础,在运行工作点处线性化,得到线性微分方程组,从状态空间的角度将其定义为一般的线性系统,然后采用线性系统理论求得其状态矩阵的特征值和特征向量,从而给出所研究系统稳定性方面的特征。考虑到全钒液流电池储能系统并网单元种类的复杂性、并网方式的多样性,全钒液流电池储能系统小扰动稳定性分析通常采用特征分析法从系统特征值和特征向量的角度对全钒液流电池储能系统进行分析。

6.3.2　全钒液流电池储能系统的控制系统

全钒液流电池储能系统作为一种储能设备,在系统中主要发挥三方面的作用:①尽可能使分布式电源运行在一个稳定的输出范围,对系统起稳定作用;②使不可调度的分布式发电系统作为可调度机组并网运行;③由于光伏发电和风力发电固有的间歇性和相关发电系统的输出随时变化,甚至可能停止发电。此时,电池储能系统一方面可以发挥平滑功率波动的作用,另一方面也起到过渡供电的作用,保证对负荷的正常供电。全钒液流电池储能系统需要将直流电变换为交流电后接入交流电网。根据上述分析,全钒液流电池储能系统的发电系统通常采用下垂控制或恒压/恒频控制,下面将简单介绍全钒液流电池储能系统的控制系统的下垂控制。

下垂控制是模拟发电机组工频静特性的一种控制方法,图 6.7 给出了一种典型的逆变器下垂控制方式。

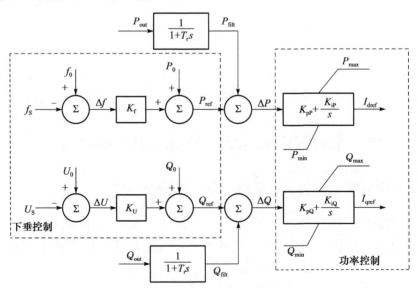

图 6.7　下垂控制外环控制器典型结构

根据图 6.7 中的下垂控制部分,得出功率参考信号 P_{ref} 和 Q_{ref} 为

$$P_{ref} = P_0 + K_f(f_0 - f_S) \tag{6.13}$$

$$Q_{ref} = Q_0 + K_U(U_0 - U_S) \tag{6.14}$$

全钒液流电池储能系统的控制系统参数如表 6.1 所示。

表 6.1　全钒液流电池储能系统的控制系统参数

外环控制器	T_p	K_{pP}	K_{iP}	T_Q	K_{pQ}	K_{iQ}
	0.01	0.5	25.0	0.01	0.5	25.0
内环控制器	T_{id}	K_{pid}	K_{iid}	K_{iq}	K_{piq}	K_{iiq}
	0.008	0.1	5.0	0.008	0.1	5.0

6.3.3　小扰动目标函数

基于上述的全钒液流电池储能系统的下垂控制的模型,考虑新能源发电系统在运行过程中时刻会受到一些小的扰动,如风光等环境条件的变化、负荷的随机波动等,微电网的运行点是时刻发生变化的。考虑到风力发电机组运行场景的波动性和多变性,为了提高不同运行场景下全钒液流电池储能系统的小扰动稳定性,采用如下全钒液流电池储能系统的控制系统多运行场景的综合目标函数[39]:

$$
\begin{cases}
\min(J)=\min(J_1+J_2+J_3) \\[2mm]
J_1=\displaystyle\sum_{p=1}^{N_p}\Big(m_p\sum_{\forall\,\alpha_{i,p}<\xi_0}\mu_{i,p}\alpha_{i,p}(K_f,K_U)\Big) \\[4mm]
J_2=\displaystyle\sum_{p=1}^{N_p}\Big[m_p\sum_{\forall\,\alpha_{i,p}<\xi_0}\mu_{j,p}(\xi_0-\xi_{j,p}(K_f,K_U))\Big] \\[4mm]
J_3=\displaystyle\sum_{p=1}^{N_p}\Big[m_p\sum_{\forall\,\alpha_{i,p}<\xi_0}\mu_{k,p}(\alpha_{k,p}(K_f,K_U)-\alpha_0)\Big]
\end{cases} \tag{6.15}
$$

式中,J 为总目标函数;J_1、J_2、J_3 为子目标函数;N_p 为所考虑的风力发电机组运行场景个数;m_p 为第 p 个运行场景的权重系数,其数值不超过 1.0,运行点出现概率越大,m_p 的数值则越大。

1) 子目标函数 J_1

J_1 是实部为正的特征值所构成的目标函数部分。$\mu_{i,p}$ 为特征值的权重系数,表达式为

$$\mu_{i,p}=L\alpha_{i,p}^2 \tag{6.16}$$

式中,$\alpha_{i,p}$ 为第 p 个运行场景的第 i 个实部为正的特征值实部;$\mu_{i,p}$ 为特征值实部 $\alpha_{i,p}$ 的二次函数形式,保证右半平面内的特征值在子目标函数 J_1 中所起的作用与其实部 $\alpha_{i,p}$ 是正相关的,即正实部相对较大的特征值在目标函数

中的影响作用更大。$L>0$ 为一经验值,且取值较大。相对于 J_2 和 J_3 而言,J_1 对目标函数 J 的影响作用更大,从而通过参数优化首先确保系统是小扰动稳定的。

2)子目标函数 J_2

J_2 是系统特征值中阻尼比小于给定阻尼比 ξ_0 的特征值所构成的目标函数。$\mu_{j,p}$ 为阻尼比的权重系数,表达式为

$$\mu_{j,p} = \frac{L'(\xi_0 - \xi_{j,p})^2}{\sqrt{\alpha_{j,p}^2 + \beta_{i,p}^2}} \qquad (6.17)$$

式中,$\xi_{j,p}$ 为第 p 个运行场景情况中满足 $\xi_{j,p} < \xi_0$ 的特征值阻尼比,与 $\alpha_{i,p}$ 相似,也受到下垂系数的影响;$\alpha_{j,p}$、$\beta_{i,p}$ 分别为阻尼比小于 ξ_0 的特征值的实部和虚部。$\mu_{j,p}$ 为阻尼比 $\xi_{j,p}$ 的二次函数的形式,保证阻尼比远小于 ξ_0 且模值较小的特征值在目标函数中的影响作用更大,$L'>0$ 同样为一经验参数,但数值远小于 L。

3)子目标函数 J_3

J_3 是系统特征值中实部大于给定实部 α_0 的特征值所构成的目标函数。$\mu_{k,p}$ 为特征值的权重系数,表达式为

$$\mu_{k,p} = L''(\alpha_{k,p} - \alpha_0)^2 \qquad (6.18)$$

式中,$\alpha_{k,p}$ 为第 p 个运行场景中满足 $\alpha_{k,p} > \alpha_0$ 的特征值的实部;$\mu_{k,p}$ 为特征值实部 $\alpha_{k,p}$ 的二次函数形式,保证在满足 $\alpha_{k,p} > \alpha_0$ 的条件下,实部远大于 α_0 的特征值在目标函数中的影响更大。同样 $L''>0$,且数值远小于 L。

L、L' 和 L'' 的数值宜选取经验值,根据目标函数 J_1、J_2 和 J_3 的重要程度不同,L、L' 和 L'' 的数值也会有所不同。L、L' 和 L'' 采取了一组典型的数值:L 取 99999,L' 和 L'' 取 10。如此选择的依据是 L 的数值远大于 L' 和 L'',以确保 J_1 在总目标函数中所起的作用要大于 J_2 和 J_3,从而使参数优化的首要目的是确保系统是小扰动稳定的,之后在系统稳定的基础之上提高系统的阻尼比和稳定裕度。

根据经验值,得出最佳综合优化目标参数如表 6.2 所示。

表 6.2　最佳综合优化目标参数

N_p	L	L'	L''	ε_0	α_0	m_p		
						$p=1$	$p=2$	$p=3$
3	99999	10	10	0.1500	-0.0100	1.000	0.5000	0.2000

全钒液流电池储能系统的控制系统参数的变化对系统中不同特征值所产生的影响是不同的,图 6.8 给出了参数优化过程中受较大影响的四组特征值的变化情况。

在参数优化过程中,特征值 λ_1、λ_2、λ_3 和 λ_4 的变化非常大,初始条件下,由于 λ_1、λ_2 的存在,系统是不稳定的,J_1 优化的目标是最快实现系统稳定。随着参数的优化,λ_1、λ_2 依次进入左半平面,函数优化过程中 λ_3 和 λ_4 也越靠近左半平面。根据稳定判别法可知,特征值的实部均为负时,系统是渐进稳定的。随着参数优化的进行,系统优化至稳定,此时 $\mu_{i,p}$ 取值为零,使目标函数中仅含有 J_2 和 J_3。由于 L 的数值远大于 L' 和 L'',系统稳定后的目标函数值也会相对较小。最终目标函数值为零,代表系统不仅是稳定的($\forall \alpha_{i,p} \leqslant 0$,即 $J_1=0$),而且阻尼比满足 $\forall \xi_{j,p} \geqslant \xi_0$(即 $J_2=0$),同时阻尼裕度满足 $\forall \alpha_{k,p} \leqslant \alpha_0$(即 $J_3=0$)。

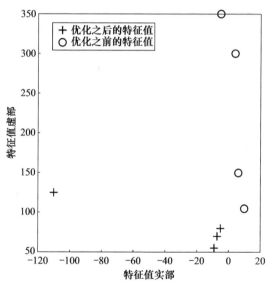

图 6.8　全钒液流电池储能系统的控制系统优化过程中关键特征值的变化

全钒液流电池储能系统改善了机组阻尼、短振荡时间,增大了机组的惯量系数,降低了系统频率的偏差和电网频率变化率。当电网出现频率偏差时,全钒液流电池储能系统根据频率偏差的比例关系调整有功出力情况,增大机组阻尼系数,降低频率的偏差,直至系统频率恢复到 50Hz,提高了机组的稳定性[40]。全钒液流电池储能系统的控制系统在系统功率发生波动时维持系统的频率和电压的稳定。利用全钒液流电池储能系统,调整控制系统的参数,来提高系统的稳定性[41]。

6.4　全钒液流电池储能系统提高系统的暂态稳定性

在大规模全钒液流电池储能系统现有平抑/平滑控制策略的基础上,本节提出了基于附加频率响应的并网控制策略,不仅能够兼容现有控制策略抑制风力发电机组出力波动,还能较好地提高电力系统的暂态稳定性。该控制策略包括三部分:现有平抑/平滑控制部分、附加频率控制部分和总体限幅部分。平抑/平滑控制部分兼容现有控制策略从而有效降低间歇式风力发电机组的功率波动;附加频率控制部分以系统频率为输入信号实现对频率的一次调整,从而提高系统的暂态稳定性;总体限幅部分根据全钒液流电池储能系统的实际运行状态动态地调整各控制部分上下限,达到均衡和最大化地利用全钒液流电池储能系统。

大规模全钒液流电池储能系统技术的引入可以有效改善间歇式电源运行性能,提升电力系统调控能力,有助于增强电网对新能源的接纳能力。目前,全钒液流电池储能系统多与太阳能、风能等新能源电站联合配置,其并网控制策略多采用平抑或平滑出力,这可以有效地降低新能源的功率波动,改善其发电特性。在全钒液流电池储能系统暂态建模基础上,文献[42]提出一种基于附加频率响应的全钒液流电池储能系统并网控制策略。

6.4.1　基于附加频率响应的全钒液流电池储能系统并网控制策略

本节分析机电暂态过程中的全钒液流电池储能系统控制策略,研究时间尺度在分钟以内,在这么短的时间内电池的几个反映其特性的指标基本保持不变,如电池荷电状态、开路电压等。研究中全钒液流电池储能系统的机电暂态模型可以认为其充放电特性与参数是线性和非时变的,其等效电路模型如图 6.9 所示。

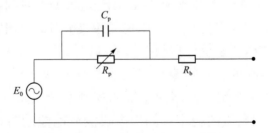

图 6.9　全钒液流电池储能系统机电暂态模型的等效电路

提高风力发电机组暂态稳定性的控制策略如下：

（1）平抑/平滑控制的策略。

该策略以风力发电机组的出力为输入信号，按照不同时间尺度的控制目标去得到抑制风力发电机组功率波动的全钒液流电池储能系统出力。

（2）基于频率响应的附加控制策略。

该策略以系统频率为输入信号，通过设置功率频率响应因子 K 得到附加控制的全钒液流电池储能系统出力目标值，如图 6.10 所示。其可以实现新能源＋全钒液流电池储能系统对频率的一次调整，能够对电网中的扰动进行主动控制以提高系统的暂态稳定性。

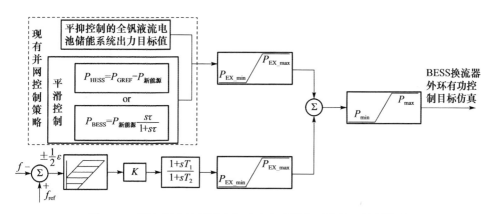

图 6.10　附加频率控制的全钒液流电池储能系统并网控制策略

该策略设置了超前/滞后环节，可以根据实际电网动态稳定性的要求对全钒液流储能系统的并网功率进行一定的相位补偿，从而较好地增加系统的阻尼。

为了避免由于附加频率控制的快速响应，全钒液流电池储能系统出现频繁浅充浅放的现象而影响电池寿命，该策略带有类似常规机组调速器的死区环节。通过合理地设置死区所占的范围，保证全钒液流电池储能系统既能对系统的大扰动产生响应又能兼顾避免频繁动作损坏电池储能系统。目前，可参考实际电网的同步发电机组调速器的死区参数设定此值，范围可在 $0.001 \sim 0.002$ p.u.。[43]

该策略还设置了限幅环节。全钒液流电池储能系统的主要作用是抑制风力发电机组站的出力波动，限幅环节的设置可以避免因为附加频率策略而影响现有平抑/平滑控制效果。全钒液流电池储能系统的能量管理系统根据电池的实际运行状态动态地调整,以最大化地发挥全钒液流电池储能系统的作用。

(3)总体限幅环节。

附加频率控制策略的引入,使全钒液流电池储能系统有功控制目标值需要去实现抑制出力波动和提高暂态稳定性两个目标。限幅环节的上下限同样可以根据电池的实际运行状态动态地调整,从而合理分配全钒液流电池储能系统容量在抑制新能源电站出力波动和提高电力系统稳定性两方面所占的比例,以达到均衡和最大化地利用全钒液流电池储能系统的目的。

基于附加频率控制的并网控制策略最终将得到全钒液流电池储能系统的有功控制目标值,达到抑制出力波动和提高稳定性的双重作用。另外,全钒液流电池储能系统是一个可以在功率四象限进行调整的多功能系统,可以同时快速调整并网有功、无功。虽然换流器价格较高,不宜采用更大容量的换流器来增加全钒液流电池储能系统的无功容量,但是可以进一步增强新能源+全钒液流电池储能系统的协调能力。

基于附加频率响应的全钒液流电池储能系统并网控制策略能够对电网中的扰动进行响应,从而增加系统的阻尼,降低输电断面的功率振荡和常规机组的功角振荡,达到增强电网的功角稳定性和动态稳定性的目的。

6.4.2　全钒液流电池储能系统容量与暂态稳定性

采用全钒液流电池储能系统并网控制策略能够在电网的扰动进行响应时,增加系统的阻尼系数,降低输电的功率振荡和常规机组的功角振荡,提高电网的功角稳定性和动态稳定性。全钒液流电池储能系统容量越大,对电网系统的调控能力越强,提高暂态稳定效果越明显。当全钒液流电池储能系统容量一定时,功率/频率响应因子 K 对全钒液流电池储能系统控制策略的效果影响较大。随着 K 的增大,全钒液流电池储能系统对频率变化的响应越大,对暂态稳定性的改善作用越明显。

提升暂态稳定性的储能容量配置原则是使风力发电机组+电池储能系统和常规机组具有相同或相似的暂态支撑力,具体方法如下:

(1)用同容量的常规机组替代风力发电机组,计算故障的极限切除时间。

(2)按照同容量的风力发电机组+电池储能系统联合电站,计算相同故障的极限切除时间。

　　(3) 当(1)和(2)中故障的极限切除时间相等时,可认为风力发电机组＋电池储能系统联合电站的暂态稳定支撑能力与常规同步发电机组一致。

　　全钒液流电池储能系统与风力发电机组配比如表6.3所示[44]。由表6.3可以看出,电池储能容量越大,故障的极限切除时间越久。当电池储能系统与系统配比接近5%时,故障的极限切除时间与常规同步发电机组配置方案下的故障的极限切除时间相等,可以达到类似常规同步发电机组的暂态支撑效果。

　　因此,全钒液流电池储能系统能够抑制光伏和风电出力波动,还能较好地提高电力系统的暂态稳定性。

表 6.3　全钒液流电池储能系统与风力发电机组配比[44]

方案说明	全钒液流电池储能系统 功率总容量/MW	全钒液流电池储能系统 与风力发电机组配比/%	功率/频率 配比/%	故障的极限 切除时间/s
常规同步 发电机组	—	—	—	0.248
风力发电机组	—	—	—	0.184
风储联合发电系统	254.2	2	0.5	0.220
风储联合发电系统	508.4	4	1.4	0.238
风储联合发电系统	635.5	5	1.8	0.248

第 7 章　全钒液流电池储能系统与
电网多能源协调调度技术

对于全钒液流电池储能系统与电网多能源协调调度技术的研究,一方面可以降低风电等其他能源的不确定性对电网安全性的影响,另一方面也可以提升电网消纳多种能源的能力。全钒液流电池储能系统在参与电网的多能源协调调度中具有重要作用。本章主要介绍全钒液流电池储能系统的运行优化、含风储联合发电系统的机组组合优化、全钒液流电池储能系统AGC运行控制以及电网多能源协调运行控制。

7.1　全钒液流电池储能系统的运行优化

7.1.1　全钒液流电池储能系统的数学模型

不考虑全钒液流电池储能系统的电路过程,从荷电状态和充放电功率等方面对全钒液流电池储能系统进行数学建模。

充电过程:

$$\mathrm{SOC}(t) = (1-\varepsilon)\mathrm{SOC}(t-1) + \frac{P_{\mathrm{bat,chr}}(t)\Delta t\,\alpha}{E_{\mathrm{rate}}} \qquad (7.1)$$

放电过程:

$$\mathrm{SOC}(t) = (1-\varepsilon)\mathrm{SOC}(t-1) + \frac{P_{\mathrm{bat,dis}}(t)\Delta t\,\alpha}{E_{\mathrm{rate}}\beta} \qquad (7.2)$$

式中,$\mathrm{SOC}(t)$为第t个采样间隔处全钒液流电池储能系统的荷电状态;ε为全钒液流电池储能系统剩余电量每小时的损失率,简称自放电率,%/h;$P_{\mathrm{bat,chr}}(t)$、$P_{\mathrm{bat,dis}}(t)$分别为全钒液流电池储能系统的充电功率和放电功率;α和β分别为全钒液流电池储能系统的充电效率和放电效率;E_{rate}为全钒液流电池储能系统的额定容量;Δt为采样间隔。

为避免全钒液流电池储能系统出现过充电和过放电现象,要求荷电状态有一定的范围限制,既不能将电量全部放完,也不能完全充满。

$$SOC_{min} < SOC(t) < SOC_{max} \tag{7.3}$$

$$- P_{bat,chr,max} < P_{bat}(t) < P_{bat,dis,max} \tag{7.4}$$

式中，SOC_{min}、SOC_{max} 分别为全钒液流电池储能系统最小荷电状态和最大荷电状态；$P_{bat,chr,max}$、$P_{bat,dis,max}$ 分别为全钒液流电池储能系统最大允许充电功率和最大允许放电功率；"一"表示电池充电。该约束是全钒液流电池储能系统寿命对其运行的要求。

7.1.2　全钒液流电池储能系统的运行优化策略

对配电网中的全钒液流电池储能系统进行配置时，应在规划模型中嵌入运行过程，以获得更符合实际的方案。规划全钒液流电池储能系统容量时要用到网损值和储能套利值，而网损值和储能套利值需要得到全钒液流电池储能系统 24h 出力后才能计算；并且运行时全钒液流电池储能系统出力的确定又需要以规划的容量为前提，所以需要二者互相迭代才能计算，与二层规划模型相匹配[45]。

在二层规划模型中，上层规划结果作为下层目标函数和约束条件，下层规划以最优值反馈到上层，实现上、下层之间的相互作用。一般的二层规划数学模型可表示为

$$\begin{cases} \min & F = F(x,w) \\ s.t. & G(x) \leqslant 0 \\ \min & w = f(x,y) \\ s.t. & g(x,y) \leqslant 0 \end{cases} \tag{7.5}$$

式中，$F(x,w)$ 为上层目标函数；F 为上层目标值；$G(x)$ 为上层约束条件；$f(x,y)$ 为下层目标函数；w 为下层目标值；$g(x,y)$ 为下层约束条件；x 为上层决策变量；y 为下层决策变量。

上层规划以日综合经济效益最大为目标函数，优化变量为储能容量。下层规划通过启发式方法，以直观分析为依据，根据一定的指标，逐步迭代得到满足要求的全钒液流电池储能系统运行控制策略，下层规划结果用于准确计算上层目标函数。采用的二层规划模型可化简为[46]

$$\begin{cases} \min & F = F(x,w) \\ s.t. & G(x) \leqslant 0 \\ & w = f(x) \\ s.t. & g(x) \leqslant 0 \end{cases} \tag{7.6}$$

1. 上层规划

1) 目标函数

优化的目标是在系统安全稳定的基础上实现综合经济效益最大化,具体目标函数为

$$\max f(E) = C_{\text{loss}} + C_{\text{s}} + C_{\text{kw}} + C_{\text{o}} - C_{\text{bat,in}} - C_{\text{bat,om}} \tag{7.7}$$

式中,E 为配置储能的容量,为决策变量;C_{loss} 为配置储能后配电网日节约电能损耗收入;C_{s} 为储能低储高放套利日收入;C_{kw} 为配置储能后延缓电网升级改造的日收入;C_{o} 为减少停电损失的日收入;$C_{\text{bat,in}}$、$C_{\text{bat,om}}$ 分别为全钒液流电池储能系统日投资成本和日运行维护成本。

2) 约束条件

(1) 电压合格率约束:

$$V_{\text{p,r,f}} \leqslant V_{\text{p,r,b}} \tag{7.8}$$

式中,$V_{\text{p,r,f}}$、$V_{\text{p,r,b}}$ 分别为配置全钒液流电池储能系统前后的电压合格率。该约束是电能质量对储能配置的要求。

(2) 支路电流约束:

$$I_i \leqslant I_{i,\max}, \quad i = 1, 2, \cdots, d \tag{7.9}$$

式中,$I_{i,\max}$ 为第 i 条支路电流 I_i 的上限;d 为支路总数。该约束是系统安全稳定对储能配置的要求。

(3) 潮流方程约束:

$$\begin{cases} P_{\text{G},i} - P_{\text{L},j} = U_i \sum_{j=1}^{n} U_j (G_{i,j} \cos\theta_{i,j} + B_{i,j} \sin\theta_{i,j}) \\ Q_{\text{G},i} - Q_{\text{L},j} = U_i \sum_{j=1}^{n} U_j (G_{i,j} \sin\theta_{i,j} - B_{i,j} \cos\theta_{i,j}) \end{cases} \tag{7.10}$$

式中,$P_{\text{G},i}$、$Q_{\text{G},i}$ 分别为节点 i 处电源的有功出力和无功出力;$P_{\text{L},i}$、$Q_{\text{L},i}$ 分别为节点 i 处的有功负荷和无功负荷;U_i、U_j 分别为节点 i 和节点 j 处的电压幅值;$G_{i,j}$、$B_{i,j}$ 分别为节点导纳矩阵元素的实部和虚部;$\theta_{i,j}$ 为节点 i 和节点 j 处的电压相角差。

除以上约束外,还有全钒液流电池储能系统运行时的约束,如式(7.3)和式(7.4)。

2. 下层规划方法求解过程

以分布式电源出力与负荷叠加后的等效日负荷曲线为基础,根据一定的

指标制定全钒液流电池储能系统充放电策略。策略制定的第一步为充电时间 $T_{chr,i}$ 和放电时间 $T_{dis,i'}$ 的划分,下标 chr,i 和 dis,i' 分别表示不同的充电时间段和不同的放电时间段;第二步为确定 $T_{chr,i}$ 和 $T_{dis,i'}$ 时间段的各采样间隔 Δt 内充放电功率的大小。

第一步:根据分时电价进行充放电时间段的划分,高电价时段为放电时间 $T_{dis,i'}$;低电价时段为充电时间 $T_{chr,i}$。为提高全钒液流电池储能系统的利用率,对于平电价时段,若其前后时段都为高电价时段,则为充电时间 $T_{chr,i}$;若其前后时段都为低电价时段,则为放电时间 $T_{dis,i'}$;其余情况全钒液流电池储能系统为空闲状态或看成以零功率充放电。设定分时电价,高峰时段:9：00～15：00 和 19：00～22：00 为高电价时段;低谷时段:1：00～7：00 为低电价时段;其余时段为平电价时段。以某地风储联合发电系统出力与负荷叠加后的等效负荷曲线为例,充放电时间段划分的结果如图 7.1 所示。

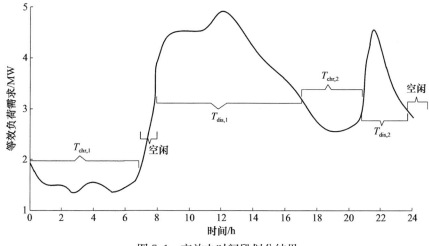

图 7.1　充放电时间段划分结果

第二步:全钒液流电池储能系统充放电方式可分为恒功率充放电和变功率充放电,本策略采用变功率充放电方式。当有多个全钒液流电池储能系统时,多个全钒液流电池储能系统相互协调配合确定各自的充放电功率大小。确定单个全钒液流电池储能系统在 $T_{chr,1}$ 时间段的各采样间隔 Δt 内充电功率大小的过程如下。

（1）Δt 内等效负荷越小,等效负荷曲线的峰谷差越大,越需要储能充电,对 $T_{chr,1}$ 时间段的各采样间隔 Δt 内等效负荷值排序,按从小到大的顺序,分别确定等效负荷相对应的 Δt 内储能充电功率大小。

(2) 为了使全钒液流电池储能系统充电后的等效负荷曲线峰谷差尽量小,曲线波动也尽可能平滑,除等效负荷最小的 Δt 内全钒液流电池储能系统按最大功率充电外,其他 Δt 内按小于最大功率的变功率充电,具体功率计算方法为

$$P_{\text{bat,chr}}(t) = \begin{cases} \gamma(P_{\text{chr,max}} + P_{\text{L,min}} - P_{\text{L}}(t)), & P_{\text{L}}(t) < P_{\text{chr,max}} + P_{\text{L,min}} \\ P_{\text{chr,rated}}, & P_{\text{L}}(t) \geqslant P_{\text{chr,max}} + P_{\text{L,min}} \end{cases}$$

$$(7.11)$$

式中,$P_{\text{L}}(t)$ 为 $T_{\text{chr,1}}$ 内第 t 个采样间隔处的等效负荷值;$P_{\text{chr,max}}$、$P_{\text{chr,rated}}$ 分别为全钒液流电池储能系统最大充电功率和额定充电功率;$P_{\text{L,min}}$ 为 $T_{\text{chr,1}}$ 时间段的所有采样间隔内最小的等效负荷值;γ 为第 s_i 个全钒液流电池储能系统的充电功率权重。

$$\gamma = E_{s_i} / \sum_{s_i=1}^{N} E_{s_i} \qquad (7.12)$$

式中,E_{s_i} 为第 s_i 个全钒液流电池储能系统的容量。

(3) 按(1)、(2)中的方法依次确定 $T_{\text{chr,1}}$ 时间段各采样间隔 Δt 内充电功率的大小。由式(7.1)可知,每当确定一个 Δt 内的充电功率,荷电状态值相应地增加 $P_{\text{bat,chr}}(t)\Delta t\,\alpha/E_{\text{rated}}$,若荷电状态值越限,则转步骤(4),此时未确定功率的采样间隔 Δt 内可看成全钒液流电池储能系统以零功率进行充电。

(4) 输出全钒液流电池储能系统在 $T_{\text{chr,1}}$ 时间段各采样间隔 Δt 内充电功率的大小。确定单个全钒液流电池储能系统在 $T_{\text{dis,1}}$ 时间段各采样间隔 Δt 内放电功率大小的过程与上述过程类似,不同点如下:Δt 内等效负荷越大,等效负荷峰谷差越大,越需要储能放电,按等效负荷从大到小的顺序,确定其相对应的 Δt 内全钒液流电池储能系统放电功率的大小。除等效负荷最大的 Δt 内全钒液流电池储能系统按最大功率放电外,其他 Δt 内按小于最大功率的变功率放电,具体功率计算方法为

$$P_{\text{bat,dis}}(t') = \begin{cases} \eta[P'_{\text{L}}(t') - (P_{\text{L,max}} - P_{\text{dis,max}})], & P'_{\text{L}}(t') > P_{\text{L,max}} - P_{\text{dis,max}} \\ P_{\text{dis,rated}}, & P'_{\text{L}}(t') \leqslant P_{\text{L,max}} + P_{\text{dis,max}} \end{cases}$$

$$(7.13)$$

式中,$P'_{\text{L}}(t')$ 为 $T_{\text{dis,1}}$ 内第 t' 个采样间隔处的等效负荷值;$P_{\text{dis,max}}$、$P_{\text{dis,rated}}$ 分别为全钒液流电池储能系统最大放电功率和额定放电功率;$P_{\text{L,max}}$ 为 $T_{\text{dis,1}}$ 时间段的所有采样间隔内最大的等效负荷值;η 为放电功率权重,大小与 γ 相同。

由式(7.2)可知,每当确定一个 Δt 内的放电功率,荷电状态值相应地减

小 $P_{\text{bat,dis}}(t')\Delta t/(E_{\text{rated}}\beta)$。$P_{\text{L,max}}-P_{\text{dis,max}}$ 为储能放电后应达到的指标,若放电前已达到该指标,则以最佳状态额定功率放电[47]。

同理,按上述方法可分别确定 $T_{\text{chr,2}}$ 和 $T_{\text{dis,2}}$ 时间段各采样间隔 Δt 内充放电功率的大小,最后得到全钒液流电池储能系统在日调度周期内的充放电策略。

7.2 含风储联合发电系统的机组组合优化

以风力发电机组出力预测值为数据基础,研究含风储联合发电系统的电力系统机组组合问题。为提高电力系统能源利用率,构建了以系统总发电成本最小和系统总能源利用率最高为目标的多目标机组组合优化模型,综合考虑风储联合发电系统自身约束、系统功率平衡、系统备用容量、机组爬坡率以及机组启停时间等约束条件进行相关计算分析[48]。

本节建立了含风储联合发电系统机组组合的优化模型,具体过程如下。

1)目标函数

该模型分别从发电成本和能源利用率两方面建立目标函数。

(1)发电成本目标。

火电机组发电成本可表示为

$$\min F_{\text{gen}}=\min\Big\{\sum_{t=1}^{T}\sum_{i\in G}[I_i(t)C_{i,t}(P_i(t))+C_{\text{u},i}(t)+C_{\text{d},i}(t)]\Big\} \quad (7.14)$$

式中,T 为调度周期内的时段总数;G 为火电机组集合;$I_i(t)$ 为机组 i 在时段 t 的运行状态,$I_i(t)=1$ 表示机组开机,$I_i(t)=0$ 表示机组停机;$C_{i,t}(\bullet)$ 为机组 i 在时段 t 的燃料费用;$P_i(t)$ 为机组 i 在时段 t 的有功出力;$C_{\text{u},i}(t)$ 和 $C_{\text{d},i}(t)$ 分别为机组 i 在时段 t 的开机费用和停机费用。

燃料费用 $C_{i,t}(t)$ 可以用有功出力 $P_i(t)$ 的函数表示,考虑机组阀点效应,其表达式为

$$C_{i,t}(P_i(t))=a_i+b_iP_i(t)+c_iP_i^2(t)+|e_i\sin[f_i(P_{i,\text{min}}-P_i(t))]| \quad (7.15)$$

式中,a_i、b_i、c_i、e_i、f_i 为燃料费用系数;$P_{i,\text{min}}$ 为机组 i 的有功出力下限。

开机费用 $C_{\text{u},i}(t)$ 采用两状态模型,通过比较连续停机时间 $T_i^{\text{off}}(t)$ 与最小冷启动时间限制的大小,确定是采用冷启动还是热启动方式启动机组。开机费用 $C_{\text{u},i}(t)$ 的计算公式为

$$C_{\text{u},i}(t)=\begin{cases}\text{ch}_i, & T_i^{\text{off}}(t)\leqslant T_i^{\text{cold}}+T_{i,\text{min}}^{\text{off}}\\ \text{cc}_i, & T_i^{\text{off}}>T_i^{\text{cold}}+T_{i,\text{min}}^{\text{off}}\end{cases} \quad (7.16)$$

式中，cc_i、ch_i 分别为机组 i 的冷、热开机费用；$T_{i,\min}^{\text{off}}$ 为机组 i 的最小停机时间限制；T_i^{cold} 为机组 i 的冷启动时间；$T_i^{\text{off}}(t)$ 为机组 i 到时段 t 时已经连续停机的时间。

停机费用 $C_{d,i}(t)$ 主要由维护费用构成，一般与连续开停机的时间长短无关，可假设为一常数。

（2）能源利用率目标。

火力发电会排放大量气体，气体在排放过程中释放大量热能，造成能源浪费，降低了能源转换效率。

为提高系统能源利用率，在优化模型中加入了能源利用率目标。为方便构建目标函数表达式，根据主要排放气体允许排放标准将 SO_2 和 NO_2 统一折算为等效 CO_2 排放量，折算公式为

$$p_{CO_2,e} = p_{CO_2} + 700 p_{SO_2} + 1000 p_{NO_2} \tag{7.17}$$

式中，$p_{CO_2,e}$ 为折算后等效 CO_2 排放量，kg/m^3；p_{CO_2}、p_{SO_2}、p_{NO_2} 分别为 CO_2、SO_2、NO_2 的排放量，kg/m^3。SO_2、NO_2 和 CO_2 的排放标准分别为 $14.28mg/m^3$、$10mg/m^3$ 和 $10000mg/m^3$[49]。

获得等效 CO_2 排放量后，进一步定义等效 CO_2 排放比，即

$$E_{CO_2} = p_{CO_2} V_{\text{unit}} \tag{7.18}$$

式中，V_{unit} 为单位燃料燃烧所对应的等效气体排放体积，m^3/kg。

针对每一种燃料，由于单位燃料对应的等效 CO_2 排放量不变，对应的等效 CO_2 排放比 E_{CO_2} 为一常数，不同燃料的排放比数值与燃料类型有关。

为了定量反映不同工况下单台火电机组的能源利用率，用火电机组能源转换效率进行描述，其表达式为

$$\varepsilon_{\text{env}}^{it} = \frac{\eta_{c,i}(P_i(t))\theta_Q^j}{\eta_{c,i}(P_i(t))\theta_Q^j + \lambda E_{CO_2,e}^i} \tag{7.19}$$

式中，θ_Q^j 为燃料 j 的标称发热量，与燃料类型有关，MJ/kg；λ 为 CO_2 气体排放造成的热量损失系数，MJ/kg，通过试验对比氢燃烧和标准煤燃烧过程，测得热量损失系数 λ 近似为 2，取 $\lambda = 2MJ/kg$；$E_{CO_2,e}^i$ 为燃料 j 的等效 CO_2 排放比；$\eta_{c,i}(P_i(t))$ 为火电机组 i 的发电效率与机组有功出力 $P_i(t)$ 之间的函数关系。

$$\eta_{c,i}(P_i(t)) = \eta_{b,i}(u_i + \delta_i P_i(t) + \omega_i P_i^2(t)) \tag{7.20}$$

式中，$\eta_{b,i}$ 为第 i 台发电机的平均发电转换效率；u_i、δ_i、ω_i 为效率函数关系系数。

得到单台火电机组能源利用率表达式后，即可构建系统能源利用率目标函数表达式，即

$$\max F_{\text{env}} = \max \sum_{t=1}^{T} \sum_{i \in G} \varepsilon_{i,t,\text{env}} \qquad (7.21)$$

系统能源利用率目标为整个调度周期内所有参与运行的火电机组能源转换效率之和，反映了机组在调度周期内总的能量转换能力，从整体角度对火电机组运行效率进行了优化，而不是局限于提高某时段或某台机组转换效率，使优化结果具有全局性。能源利用率目标数值越大说明系统热量散失越小，机组平均发电效率越高，对能源的利用更加高效[49]。

2）约束条件

（1）功率平衡约束及风力发电机组出力约束：

$$\begin{cases} \sum_{i \in G} I_i(t) P_i(t) + P_{\text{mix}}(t) = P_{\text{L}}(t) + P_{\text{loss}} \\ P_{\text{mix}}(t) = P_{\text{w}}(t) + P_{\text{dis}}(t) - P_{\text{chr}}(t) \\ P_{\text{w}}(t) = P_{\text{w,max}}(t) - P_{\text{dro}}(t) \\ 0 \leqslant P_{\text{w}}(t) \leqslant P_{\text{w}}^{\text{f}}(t) \end{cases} \qquad (7.22)$$

式中，$P_{\text{mix}}(t)$ 为风储联合发电系统在时段 t 的有功出力；$P_{\text{L}}(t)$ 为时段 t 的有功负荷；$P_{\text{w}}(t)$ 为时段 t 的风电出力；$P_{\text{w,max}}(t)$ 为时段 t 内预测最大风电出力值；$P_{\text{dis}}(t)$、$P_{\text{chr}}(t)$ 分别为时段 t 内全钒液流电池储能系统的放电量和充电量；$P_{\text{dro}}(t)$ 为时段 t 内因调度产生的弃风量；P_{loss} 为线路损耗功率。

（2）全钒液流电池储能系统运行约束条件。

初始能量约束：

$$E(0) = k_{\text{ini}} E_{\text{bat,max}} \qquad (7.23)$$

储能容量约束：

$$E_{\text{bat,min}} \leqslant E(t) \leqslant E_{\text{bat,max}} \qquad (7.24)$$

相邻时段全钒液流电池储能系统储能容量变化约束：

$$\begin{cases} E(t+1) = (1 - \sigma_{\text{sdr}}) E(t) + E_{\text{chr}}(t) - E_{\text{dis}}(t) \\ E_{\text{chr}}(t) = \eta_{\text{chr}} \int_t^{t+1} P_{\text{chr}}(t) \, \text{d}t \\ E_{\text{dis}}(t) = \dfrac{1}{\eta_{\text{dis}}} \int_t^{t+1} P_{\text{dis}}(t) \, \text{d}t \end{cases} \qquad (7.25)$$

式中，k_{ini} 为初始储能容量系数，$0 < k_{\text{ini}} < 1$；$E(t)$ 为全钒液流电池储能系统在

时段 t 的储能容量；$E_{bat,max}$ 和 $E_{bat,min}$ 分别为储能容量的上、下限；$E_{chr}(t)$、$E_{dis}(t)$ 分别为时段 t 内全钒液流电池储能系统的充电能量和放电能量；η_{chr}、η_{dis} 分别为全钒液流电池储能系统的充电效率系数和放电效率系数；σ_{sdr} 为全钒液流电池储能系统自放电率。

（3）常规机组出力约束：

$$P_{i,min} \leqslant P_i(t) \leqslant P_{i,max}, \quad i \in G_{op} \tag{7.26}$$

式中，$P_{i,max}$、$P_{i,min}$ 分别为机组 i 的有功出力上、下限；G_{op} 为参与运行的机组集合。

（4）常规发电机组爬坡速率约束：

$$\begin{cases} P_i(t) - P_i(t-1) \leqslant r_{i,up}\Delta t \\ P_i(t-1) - P_i(t) \leqslant r_{i,down}\Delta t \end{cases}, \quad I_i(t-1) = I_i(t) = 1 \tag{7.27}$$

式中，$r_{i,up}$、$r_{i,down}$ 分别为机组 i 的小时级最大上行有功输出变化率和最大下行有功输出变化率；Δt 为机组的运行时段。

（5）系统旋转备用约束：

$$\begin{cases} P_{i,max}(t) = \min(P_{i,max}, P_i(t-1) - r_{i,down}\Delta t) \\ \sum_{i \in G} (P_{i,max}(t) - P_i(t)) + P_w(t)(1 - w_{fd}) + P_{dis}(t) - P_{chr}(t) \geqslant P_L(t)L_u \\ \sum_{i \in G} (P_i(t) - P_{i,min}(t)) - P_w(t)(1 + w_{fu}) + P_{dis}(t) + P_{chr}(t) \geqslant P_L(t)L_d \\ P_{dis}(t) + P_{chr}(t) \geqslant P_L(t)L_d \end{cases} \tag{7.28}$$

式中，$P_{i,max}(t)$、$P_{i,min}(t)$ 分别为机组 i 在时段 t 的最大输出响应和最小输出响应；$P_L(t)$ 为时段 t 系统总负荷；$P_{dis}(t)$、$P_{chr}(t)$ 分别为时段 t 内全钒液流电池储能系统的放电量和充电量；L_u、L_d、w_{fu}、w_{fd} 分别为负荷正、负旋转备用率和风电预测正、负误差；$r_{i,down}$ 为最大下行有功输出变化率。

本节研究的机组组合优化问题是一个复杂的多约束混合整数规划问题。将机组组合问题分为内外两层子优化问题：外层为机组启停状态优化，采用离散二进制粒子群优化算法求解；内层为含风储联合发电系统的负荷经济分配，采用连续粒子群优化算法求解。为改善算法性能，分别对离散二进制粒子群优化算法和连续粒子群优化算法提出了改进方法。

连续粒子群优化算法的迭代更新策略为：将种群中的所有粒子按其个体极 $P_{i,best}$ 的优劣进行排序，并选取最优的 n 个粒子个体极值来修正粒子。改进的更新策略使粒子群在解空间中的搜索过程是多向性的，搜索的粒子分布更加均匀。改进公式利用 n 个最优粒子位置共同决定粒子速度，充分利用其他粒子的极值信息,有效提高了内层算法的求解性能。

为了全面考虑系统运行的经济成本和能源转换效率,以系统总发电成本最小和系统总能源利用率最大作为目标函数,并计及风储联合发电系统自身约束条件和系统相关约束,建立了含风储联合发电系统的多目标风力发电机组组合优化模型。由于多目标风力发电机组组合问题求解复杂,对优化模型进行了模糊处理,并用组合粒子群优化算法对处理后的模型进行求解,取得良好结果。

7.3　全钒液流电池储能系统 AGC 运行控制

7.3.1　全钒液流电池储能系统参与电网 AGC 运行控制

全钒液流电池储能系统可依据电网的区域控制偏差信号做出响应,参与电网 AGC 二次调频,通过电网调度控制中心对其进行集中管理和控制。在可再生能源的接入下,全钒液流电池储能系统参与电网二次调频的结构框图如图 7.2 所示。

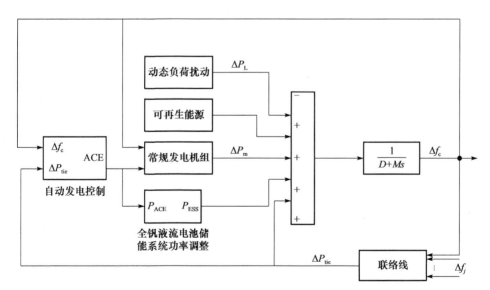

图 7.2　全钒液流电池储能系统参与电网二次调频的结构框图

D. 系统总阻尼系数;M. 系统总惯性常数;P_{ACE}. 系统稳定所需的功率总缺额;

P_{ESS}. 全钒液流电池储能系统参与调频的总功率;Δf_c. 控制区的频率偏差;

Δf_j. 与控制区相关联的其他控制区域的频率偏差;ΔP_L. 负荷的有功功率变化量;

ΔP_m. 机械功率变化量;ΔP_{tie}. 电力系统联络线功率偏差(以送出为正)

电网调度控制中心对运行状态进行实时监测,在电力系统受到负荷扰动时,系统的频率以及联络线功率产生偏移,形成区域控制偏差信号,调度控制中心根据相应的控制策略将需求功率分配给全钒液流电池储能系统和常规发电机组,使其协调参与电网二次调频[50]。

1) 全钒液流电池储能系统的 AGC 二次调频原理

全钒液流电池储能系统模拟传统发电机的 AGC 控制,又称负荷频率控制,即利用二次调频的储备容量来调整全钒液流电池储能系统的出力,使系统频率在规定时间内恢复到系统额定值 50Hz 左右((50 ± 0.2)Hz),实现无差调频。另外,利用储能 AGC 可减少区域控制误差(ACE),从而保证联络线功率控制在目标值。ACE 的计算公式为

$$\mathrm{ACE} = \Delta P_{\mathrm{tie}} + B\Delta f = \Delta P_{\mathrm{tie}} + \left(\frac{1}{R} + D\right)\Delta f \tag{7.29}$$

式中,ΔP_{tie} 为电力系统联络线功率偏差,即控制区域中各联络线功率的实际值与其交换计划值之差的总和;B 为控制区域的频率偏差系数;R 为系统综合下垂系数;D 为系统总阻尼系数;Δf 为电力系统实际频率与额定频率之差。

图 7.3 为全钒液流电池储能系统的 AGC 二次调频基本控制框图,其中 AGC 控制可采用积分控制器来实现[51]。

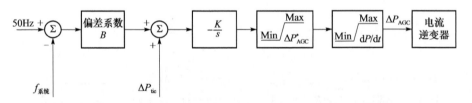

图 7.3　全钒液流电池储能系统的 AGC 二次调频基本控制框图

当电网的安全稳定运行受到威胁时,电网调度控制中心根据 ACE 的大小,将调频需求功率以控制指令的形式分配给可用的调频电源:①ACE>0,减少调频电源的出力;②ACE<0,增加调频电源的出力。全钒液流电池储能系统根据调度控制中心发送的控制指令信号进行充放电调整,表达式为

$$P_{\Sigma} = P_{\mathrm{gen}} + P_{\mathrm{ESS}} \tag{7.30}$$

式中,P_{Σ} 为维持电网 ACE 在控制标准内所需功率的总缺额,即式(7.29)中的 ACE 的倒数;P_{gen} 为常规发电机组参与调频的总调整功率;P_{ESS} 为全钒液流电池储能系统参与调频的总功率。

$$\begin{cases} P_{\text{gen}} = \sum_{k=1}^{R} P_{\text{gen},k} \\ P_{\text{ESS}} = \sum_{g=1}^{M} P_{\text{ESS},g} \end{cases} \tag{7.31}$$

式中,$P_{\text{gen},k}$ 为常规发电机组 k 参与调频的功率;$P_{\text{ESS},g}$ 为全钒液流电池储能系统 g 参与调频的功率;R 和 M 分别为控制区常规发电机组和全钒液流电池储能系统的总数。

2）基于 ACE 分区的储能实时调频控制策略

AGC 可用来调整多个发电机组的出力,以响应负荷的变化。电力供需平衡的情况可通过对电网频率的测量来进行判断,若频率升高,则调频机组将减少出力;反之,调频机组将增加出力。频率调整通过电网 AGC 来实现。联络线功率与频率偏差控制的优点在于:AGC 机组根据 ACE 信号对其出力进行调整,自动跟踪负荷的变化。作为 AGC 的控制信号,ACE 信号综合反映了电网频率和联络线功率的变化。因此,全钒液流电池储能系统可根据 ACE 信号(指令)的变化对其充放电进行相应的调整,为电网提供辅助调节服务。协调原则简述如下:

(1) ACE 较小时。考虑到频繁充放电对全钒液流电池储能系统性能及其使用寿命的影响,故此情况下常规发电机组参与调频,全钒液流电池储能系统不参与响应。

(2) ACE 较大时。此情况假设电力系统受到较大的扰动,产生幅度较大的 ACE 信号。利用全钒液流电池储能系统响应速度快、瞬间释放功率大的特性,全钒液流电池储能系统参与响应,但需考虑其荷电状态。

(3) 极端情况时。此情况是电网受到了严重扰动,ACE 幅值很大,ACE 处于极端情况,全钒液流电池储能系统的响应速度远快于传统机组,故优先响应,且不对荷电状态进行保持控制。

考虑到系统的安全稳定性,当电网受到功率扰动时,全钒液流电池储能系统与常规发电机组协调参与 AGC,调频电源的选择首先依据 ACE 的幅值大小。电网的运行状态表征了调节容量的需求大小及其紧迫程度,电网 AGC 的运行状态可划分为以下五种:正常状态、警戒状态、紧急状态、崩溃状态和恢复状态。

电网 AGC 重点关注由有功功率不平衡而引起的频率波动问题,因此电网 AGC 的运行状态与 ACE 相互关联,其定性关系可描述为:①处于正常状态时,ACE 较小;②处于警戒状态时,ACE 较大;③处于紧急状态、崩溃状态以及恢复状态时,ACE 非常大。为实现全钒液流电池储能系统与常规发电机组的协调控制,以电网运行状态(正常状态、警戒状态、紧急状态、崩溃状态及恢复状态)为基础对 ACE 进行分区,在不同的 ACE 区域内采用不同的控制策略。ACE 的状态分区如图 7.4 所示[50]。

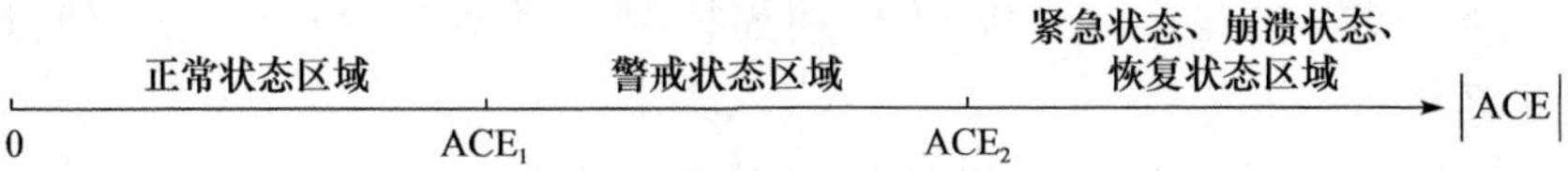

图 7.4　ACE 的状态区分

当全钒液流电池储能系统参与电网调频时,AGC 需根据全钒液流电池储能系统的有功调节能力及自身荷电状态的约束,保证在正常允许的运行范围内充分发挥其参与系统二次调频快速、灵活的优势,同时尽可能减少不必要的调频参与,留有一定的裕量为电网提供其他辅助服务如削峰填谷、平抑波动和电压支撑等,从而提高储能综合利用的经济性。基于 ACE 分区理论,全钒液流电池储能系统在不同区间参与相应的二次调频的控制策略并实现区间的平滑切换。

(1) 当 ACE 处于紧急区时,AGC 系统给全钒液流电池储能系统分配的调节量为

$$P_{BE} = \begin{cases} -P_{chr,max}, & ARC_1 < 0 \\ P_{dis,max}, & ARC_1 > 0 \end{cases} \tag{7.32}$$

$$\Delta P_{CE,i} = \frac{R_{CE,i}(ARC_1 - P_{BE})}{\sum\limits_{i=1}^{n} R_{CE,i}} \tag{7.33}$$

式中,P_{BE} 为 AGC 系统分配给全钒液流电池储能系统的调节量,MW;$P_{chr,max}$ 和 $P_{dis,max}$ 分别为全钒液流电池储能系统的最大充电功率和放电功率,MW,现有储能技术的最大充放电功率可以达到 150% 的额定功率,持续运行时间为 90s;$R_{CE,i}$ 为传统发电机组 i 的爬坡速率,MW/min;n 为该区域调频机组的数量;$\Delta P_{CE,i}$ 为 AGC 系统分配给传统发电机组 i 的调节量,MW;ARC_1 为紧急区域内发电总量与负荷需求不平衡量。

保证仅在 ACE 紧急区,全钒液流电池储能系统按照最大功率(假设 1.5 倍额定功率)在最长设定时间内(如 60s)优先发挥快速调节的能力,剩余调节量则由其他发电机组按照爬坡速率比 R 来分担,爬坡速率大的机组相应

分担的 ARC 调节量更多。当超过最大功率设定运行时间时,为保证换流器和电池的安全运行,储能输出将自动降为额定功率输出(此时与次紧急区全钒液流电池储能系统运行情况一致),目的是尽快减少 ACE 的偏差,在偏差初期尽早减小 ARC 到次紧急区。

(2)当 ACE 处于次紧急区时,AGC 系统给全钒液流电池储能系统分配的调节量为

$$P_{BE} = \begin{cases} -P_{chr,max}, & ARC_2 \leqslant 0 \\ P_{dis,max}, & ARC_2 > 0 \end{cases} \tag{7.34}$$

$$\Delta P_{CE,i} = \frac{R_{CE,i}(ARC_2 - P_{BE})}{\sum\limits_{i=1}^{n} R_{CE,i}} \tag{7.35}$$

式中,ARC_2 为次紧急区域内发电总量与负荷需求不平衡量。

当 ACE 处于次紧急区时,全钒液流电池储能系统继续按照额定功率输出优先发挥其快速调节的能力,剩余调节量由其他发电机组按照爬坡速率比 R 来分担,爬坡速率大的机组可分担的 ARC 调节量就更多,可以尽快减少 ACE 的偏差,尽早将 ARC 减小到正常区内(安全区内)。

(3)当 ACE 处于正常区时,AGC 系统给全钒液流电池储能系统分配的调节量为

$$P_{BE} = \begin{cases} -\dfrac{|ACE_x| - ACE_d}{ACE_s - ACE_d} P_{rated}, & ARC_3 < 0 \\ \dfrac{|ACE_x| - ACE_d}{ACE_s - ACE_d} P_{rated}, & ARC_3 > 0 \end{cases} \tag{7.36}$$

式中,P_{BE} 为 AGC 系统在 ACE 正常区分配给全钒液流电池储能系统的调节量,MW;P_{rated} 为 AGC 系统额定功率,MW;ACE_d 和 ACE_s 分别为 AGC 系统在 ACE 死区和正常区的边界值,MW;ACE_x 为 AGC 系统在 ACE 正常区的值,MW;x 为死区和正常区之间所在的区域;ARC_3 为正常区域内发电总量与负荷需求不平衡量。

$$\Delta P_{CE,i} = \frac{P_{CE,r}(ARC_3 - P_{BE})}{\sum\limits_{i=1}^{n} P_{CE,i,r} + P_{BE,r}} \tag{7.37}$$

式中,$\Delta P_{CE,i}$ 为 AGC 系统分配给传统发电机组 i 的调节量,MW;$P_{CE,r}$ 为传统调频机组二次调频备用容量,MW;$P_{CE,i,r}$ 为储能单元之外的其他机组的二次调频备用容量,MW;$P_{BE,r}$ 为 AGC 系统在 ACE 正常区分配给全钒液流

电池储能系统的二次调频备用容量,MW。

当 ACE 进入正常区时,全钒液流电池储能系统将按照线性比例计算各储能单元功率参考值;而传统调频机组按照二次调频容量的大小分担其余调节量,即二次备用容量大的机组相应的 AGC 功率调节量更大,因此在正常区内尽可能减少全钒液流电池储能系统的调频压力,全面发挥其他机组的调频潜力,共同完成 AGC 的协调控制。

全钒液流电池储能系统功率与 ACE 的关系如图 7.5 所示。

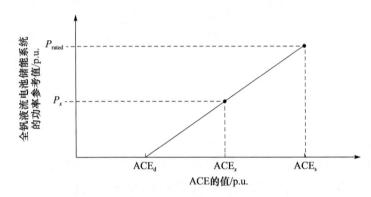

图 7.5　全钒液流电池储能系统的功率与 ACE 的关系

(4) 当 ACE 处于调节死区时,全钒液流电池储能系统不参与 AGC 二次调频,仅靠其他机组的二次调频备用容量 $P_{CE,i,r}$ 按比例分配来完成。其计算公式为

$$P_{BE} = 0 \qquad\qquad (7.38)$$

$$\Delta P_{CE,i} = \frac{R_{CE,r}\mathrm{ARC}_4}{\sum\limits_{i=1}^{n} R_{CE,i,r}} \qquad\qquad (7.39)$$

式中,$R_{CE,r}$ 为传统发电机组二次备用容量的爬坡速率;$R_{CE,i,r}$ 为传统发电机组 i 的二次备用容量的爬坡速率;ARC_4 为正常区域内发电总量与负荷需求不平衡量。

全钒液流电池储能系统不参与 AGC 二次调频,仅靠其他机组按比例分配来完成。根据当前状态,全钒液流电池储能系统进行充电或放电使其荷电状态恢复到 50% 的备用状态,保证有充足的裕度参与其他区的 AGC 二次调频或其他阶段的调频过程(如虚拟惯性或一次调频)。具体死区边界值 ACE_d、正常区边界值 ACE_s 和紧急区边界值 ACE_e 的大小需在满足 AGC 系统安全调度的要求下,考虑传统发电机组二次备用容量的总和、各发电机组爬坡速率特性以及全钒液流电池储能系统的容量、额定功率和最大功率输出等综合因素来最终确定[51]。

综上所述,全钒液流电池储能系统参与电网 AGC 运行控制,在满足约束的前提下,电网受到的扰动越严重,ACE 越大,全钒液流电池储能系统的响应功率也就越大。由于全钒液流电池储能系统存在容量限制,若 ACE 持续时间较长,则由常规发电机组参与调频,全钒液流电池储能系统退出响应。

7.3.2　全钒液流电池储能系统 AGC 运行控制方法

电力系统应时刻保持功率供需平衡,全钒液流电池储能系统需求的评估应该以电力系统的功率平衡为根本出发点,只有当风电功率波动导致电力系统中净负荷(将风电当成负的负荷)功率波动分量超出系统有功功率调节能力时,风电-电网之间的源网功率协调问题才需要解决。针对全钒液流电池储能系平抑风电场群功率波动过程中出现的能量抵消现象,分散控制存在的“对冲效应”,提出了平抑风电场群功率波动的集中控制策略;考虑负荷波动特性,进而提出面向电力系统调控需求的 AGC 集中控制策略[52]。

当实际风电功率超出该时刻风电运行可行域时,电力系统的供需平衡遭到破坏,此时传统的方法是进行弃风限电处理。倘若利用全钒液流电池储能系统针对这部分超限风电进行充电平抑,使发电出力与用电负荷重新匹配,这种全钒液流电池储能系统 AGC 集中控制策略扩大了电网接纳风电空间,利用最小的储能代价减少了弃风,提高了全钒液流电池储能系统的调控效能。

随着大规模储能技术的突破及其成本的下降,基于大规模电池储能的电力系统辅助服务市场应运而生,无论是应用初期分散配置在风电场附近的全钒液流电池储能系统,还是将来集中配置的全钒液流电池储能系统,都将被激励成为电力系统辅助服务市场的调控参与者,其调控策略将由面向风电电源的调控而转向面向电力系统需求的调控。图 7.6 给出了面向系统调控需求的全钒液流电池储能系统 AGC 配置方式。图 7.7 给出了平抑风电场输出功率波动的电池储能系统控制方式。

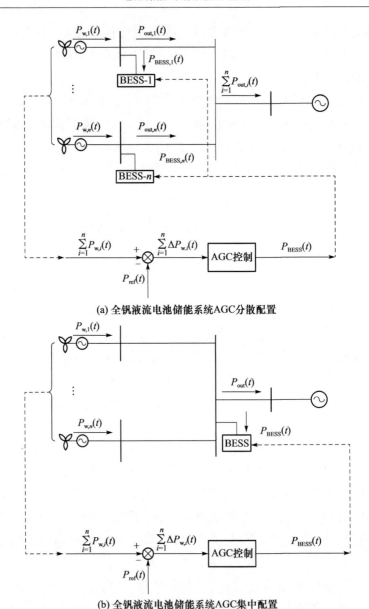

(a) 全钒液流电池储能系统AGC分散配置

(b) 全钒液流电池储能系统AGC集中配置

图 7.6　面向系统调控需求的全钒液流电池储能系统 AGC 配置方式

对于图 7.6(a)所示的 AGC 分散配置的全钒液流电池储能系统,假设各储能单元荷电状态相同,并且按照容量占比分摊总充电功率。只有当风电场超出电网可接纳容许范围时,需要通过储能消纳平抑。对于图 7.6(b)所示的 AGC 集中配置的全钒液流电池储能系统,其控制实现更直接,无须用全钒液流电池储能系统通信协调。

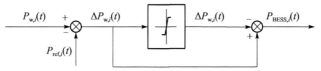

(a) 平抑风电场输出功率波动的全钒液流电池储能系统分散控制

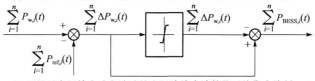

(b) 平抑风电场输出功率波动的全钒液流电池储能系统集中控制

图 7.7　平抑风电场输出功率波动的全钒液流电池储能系统控制方式

　　为了便于比较,图 7.7 给出了平抑风电场输出功率波动的全钒液流电池储能系统分散控制和平抑风电场群输出功率波动的全钒液流电池储能系统集中控制策略示意图。图中控制目标 $P_{\text{ref},i}=P_{\text{forecast},i}$ 对应于平抑风电场预测偏差功率的分散控制;控制目标 $\sum\limits_{i=1}^{n}P_{\text{ref},i}=\sum\limits_{i=1}^{n}P_{\text{forecast},i}$ 则对应于平抑风电场预测偏差功率的集中控制。

　　全钒液流电池储能系统分散控制、集中控制和 AGC 集中配制的主要参数如表 7.1 所示。由表 7.1 可知:

　　(1) 当选择 $P_{\text{ref},i}=P_{\text{forecast},i}$ 时,利用全钒液流电池储能系统平抑风电场预测偏差功率为 $\Delta P_{\text{w},i}$,控制量为 $P_{\text{BESS},i}$,经全钒液流电池储能系统平抑后的输出功率为 $P_{\text{out},i}$。该控制方式提高了单个风电场的风电功率确定性,但由于对冲效应的存在,全钒液流电池储能系统调控效能大大降低。

表 7.1　三种控制策略参数对比

控制方式	控制目标	控制量	控制对象	系统输出
分散控制	$P_{\text{forecast},i}$	$P_{\text{BESS},i}$	$P_{\text{w},i}$	$P_{\text{out},i}$
集中控制	$\sum\limits_{i=1}^{n}P_{\text{forecast},i}$	$\sum\limits_{i=1}^{n}P_{\text{BESS},i}$	$\sum\limits_{i=1}^{n}P_{\text{w},i}$	$\sum\limits_{i=1}^{n}P_{\text{out},i}$
AGC 集中配制	$P_{\text{windspace}}$	P_{BESS}	$\sum\limits_{i=1}^{n}P_{\text{w},i}$	$\sum\limits_{i=1}^{n}P_{\text{out},i}$

　　(2) 当选择 $\sum\limits_{i=1}^{n}P_{\text{ref},i}=\sum\limits_{i=1}^{n}P_{\text{forecast},i}$ 时,上述控制可以提高风电场群输出功率的确定性,由于未考虑此时电网对风电的可接纳空间,全钒液流电池储能系统仍可能发生不必要的调控,使其调控效能降低。

（3）当选择 $P_{ref} = P_{windspace}$ 时，可以充分挖掘系统的风电接纳潜能，在风电功率超出电网可接纳风电空间时需要全钒液流电池储能系统进行充电平抑，此时全钒液流电池储能系统相当于系统中的备用电源。

7.3.3　小结

本节研究了全钒液流电池储能系统参与电网 AGC 调频，提出了全钒液流电池储能系统与常规发电机组协调参与电网 AGC 的控制策略。所提策略依据电网的不同运行状态和全钒液流电池储能系统的能量状态对 ACE进行分区控制，在不同的 ACE 区域中采用不同的控制模式，实现全钒液流电池储能系统与常规发电机组之间的协调配合以及有功功率分配。基于AGC 集中控制策略，全钒液流电池储能系统参与 AGC 能有效抑制系统频率波动，提高频率响应速度，同时降低了联络线交换功率偏差的幅度，并使全钒液流电池储能系统的荷电状态保持在一定的范围内，有利于系统在扰动或故障情况下提供功率支持，提高了电网的运行水平。

基于电网 AGC 控制策略及全钒液流电池储能系统的功率和容量约束，建立了全钒液流电池储能系统响应电网 AGC 指令的二次调频控制策略。从对电力系统频率质量和稳定性影响最大的惯性响应、一次调频和 AGC 出发，针对风电高渗透下电网的频率调节需求，以及火电机组、风电及全钒液流电池储能系统的频率调节特性，提出了与火电机组相协调的全钒液流电池储能系统参与 AGC 的时机和实时控制方法。

7.4　电网多源协调运行控制

随着新能源的不断并网，我国电网的规模不断扩大，导致电网在峰谷调节、频率控制、电压控制等方面的问题逐渐突出，由于风力发电机组的不确定性，传统调度自动化系统已经不能完全适应其调度运行的需要，因此研究开发电网风电储能与常规机组协调控制系统非常必要。

7.4.1　电网多源协调控制

多源协调控制系统为全钒液流电池储能系统实现电网削峰填谷、发电计划跟踪、调峰调频以及提高风电接纳能力等功能提供了技术手段。通过多源协调控制策略，协调常规机组与风电、储能等多种电源实现对电网的调频、调峰、联络线控制、断面控制等功能,优化常规机组出力,在保证电网安全的前提下,使电网最大能力接纳风电出力。同时,分析风电场输出无功功率的变化引起的相关电气节点电压变化规律,开发适应大规模风电并网的无功电压优化控制技术,在线进行稳态电压控制优化决策并实施闭环控制。该系统充分考虑了风储联合发电系统运行电网安全、优质、经济的要求,根据水电机组、火电机组、风力发电机组和电池储能系统的不同特性,给出了这几种电源的 AGC 协调控制策略。

电网多源协调控制的特点如下:侧重于二次调节,以 AGC 调节为主,以 ACE 为指标感知区域功率平衡情况,以频率为指标感知全网功率平衡情况,计算控制区间与调节需求,实现储能削峰填谷;风电与储能互补以三次调节为主,AGC 二次调节为辅,充分体现最大限度地利用风电、减少弃风的原则;采用风电上调优先、下调滞后原则,充分考虑尽量减少储能和风电的调节次数;储能和风电只在紧急区和次紧急区才参与二次调节,正常情况下保持计划值。综合考虑各种电源的性能,采用不同优先级顺序调节,实现节能环保。

在电网运行安全性方面,电网多源协调控制系统以实时发电计划和安全约束调度为基础,紧急情况下风电和全钒液流电池储能系统辅助二次调节的措施,充分保证电网运行的安全;在电网运行优质性方面,电网多源协调控制系统考虑了电网处于不同控制区间的各种电源的 AGC 配置原则,在保证电网安全的前提下,AGC 策略以 CPS 标准控制性能指标最优为目标,充分利用各种电源的调节功能,避免反向调节;在电网运行经济性方面,电网多源协调控制系统采用风电优先的原则,充分利用风电,少用火电,最大程度减少弃风;采用全钒液流电池储能系统削峰填谷,实现了风电和储能的互补,减少火电机组开停机,同时采取措施避免风力发电机组和全钒液流电池储能系统的频繁调节。

1) 多源机组数据接入系统方案

火电机组:火电机组既可通过单机控制,也可进行全厂控制,通过电厂上送的相关遥测和遥信,判断机组是否投入运行。

水电机组:水电机组既可进行单机控制,也可进行全厂控制,通过电厂上送的相关遥测和遥信,判断机组是否投入运行。

风力发电机组:只对风电场全场有功进行控制,指令下发到风电场,再由风电场将指令值分配到各风力发电机组。对于有多套监控系统的风电场,在主站也可将该风电场分开建模并分别控制。

全钒液流电池储能系统:全钒液流电池储能系统需上送 AGC 允许和投入信号,主站下发储能电站的充放电功率实现对全钒液流电池储能系统的控制。

2) 多源协调 AGC 控制方案

从控制电能质量的角度进行分析,全钒液流电池储能系统、水电机组、风力发电机组等调节速率快的设备应优先采用;从控制电网安全的角度进行分析,对危险断面或线路灵敏度高的机组或全钒液流电池储能系统应优先调节;从电网经济调度的角度进行分析,需要增加有功功率时,可再生能源应优先增加,需要减少有功功率时,可再生能源应最后减少。

多源协调 AGC 的控制方案为:根据电源构成情况,在不同的时间尺度采用不同类型的电源进行调节,实现电网一次、二次、三次调节及多项任务的并行优化控制。对于火电发电量比例较大的电网,二次调节以水电机组和火电机组为主,全钒液流电池储能系统和风力发电机组主要承担三次调节,仅在必要时辅助二次调节。正常情况下,以实时发电计划为基础,以水电机组和火电机组调节为主;次紧急情况下,以水电机组和火电机组调节为主,风力发电机组和全钒液流电池储能系统辅助调节为主;紧急情况下,水电机组、火电机组、风力发电机组和全钒液流电池储能系统同时参与调节。相同类型机组同时参与调节时,按给定比例分配调节功率。不同类型机组同时参与调节时,按优先级排序分配调节功率。不同类型机组按照不同优先级进行调节,上调节以风力发电机组优先级最高,下调节以火电机组优先级最高。

各类型机组和全钒液流电池储能系统二次调节优先策略表如表 7.2 所示,在不同时间尺度下的调节任务如表 7.3 所示。

表 7.2　各类型机组和全钒液流电池储能系统二次调节优先策略表

需求 机组类型	死区		正常区		次紧急区		紧急区	
	下调	上调	下调	上调	下调	上调	下调	上调
火电机组	1	2	1	2	1	2	1	1
水电机组	1	2	1	2	1	2	1	1
风力发电机组	0	1	0	1	3	1	1	1
全钒液流电 池储能系统	0	0	0	0	2	3	1	1

注:表中 1、2、3 表示机组调节的优先级,0 表示不调节。

表 7.3　不同时间尺度下调节任务表

时间尺度	任务内容	适用电源
15min～24h	执行发电计划,跟踪基本负荷变化	调节性能较差的电厂、承担基荷的电厂、全钒液流电池储能系统、风电场
10s～15min	执行 AGC 调节指令,跟踪分钟级负荷变化	调节性能较好的火电厂、水电厂,全钒液流电池储能系统和风电场在紧急情况下参与调节
0～10s	跟踪秒级负荷变化	机组一次调频

7.4.2　风储联合发电系统的协调调度

目前风能的发电功率和发电量本质上源于自然界的大气流动。自然能源的获取受到天气状况的影响和制约。当这些受自然因素影响的新型能源并网的比例达到一定程度后,必然会对当前的调度方式产生影响。可以考虑两个极端方式情况下的电网调度方式:①风电装机相对于电网容量而言比例很小,调度现有的优化和安全措施保持不变就可以保证新能源的正常接入和解列(影响忽略不计);②考虑只有风电发电的"纯绿色"电网的情况,为了保障电网的不间断平稳供电,必须配备电池储能装置,以保障在无风情况下的能源获取。本节讨论的新能源调度问题主要是介于上述两种极端情况的"中间"状态,更准确的描述是在利用电网内部常规电源可以平抑间歇能源波动性情况下的电网调度问题。从原则上讲,大规模新能源调度的优化将要面对的问题就是包含新能源和常规能源及电池储能装置的协调优化。

综上所述,研究新能源调度问题需要考虑和解决的本质是优化风力发电机组、火电机组及水电机组等的协调。我国风电发展以大规模开发、远距离输电、高电压等级集中接入为主,新型发电能源的运行方式对调度计划制定、电网安全性、节能环保性、经济性等都产生了一定的影响。间歇性能源具有间歇性、可控性差和波动性大等固有属性,风电具有出力波动特性和时空分布特性;间歇性能源预测精度难以达到较高精度,通常只能基于概率分析。因此,风力发电接入下的安全校核也将面对更不确定的功率分布预测和网络情况。风力发电的波动性、预测精度和运行方式对传统的安全校核将提出挑战,需要在安全校核中考虑由新能源波动和预测精度带来的更多的场景,能更全面地考虑各种可能的故障情况。

考虑风储联合发电系统与常规机组多种调节手段,计划跟踪机组、实时校正机组、风力发电机组、全钒液流电池储能系统之间的协调关系如图 7.8 所示。

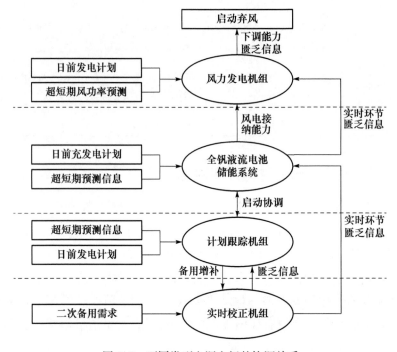

图 7.8　不同类型电源之间的协调关系

　　在图 7.8 中,优先顺序为:风电受清洁能源政策保护优先调度,只有在系统调节手段无法满足需求时才限制风电出力;计划跟踪机组按照经济运行的要求执行日内滚动发电计划;全钒液流电池储能系统主要参与滚动计划环节的协调以跟踪风储联合发电系统日前计划,只在必要时辅助实时校正机组进行调节;实时校正机组按照实测风电功率和负荷功率对超短期预测偏差进行补偿。

　　日内滚动计划的约束条件除了机组运行约束、网络安全约束、储能运行条件约束等常规约束之外,还针对不同电源间的协调关系增加了以下协调约束:实时机组约束、计划跟踪机组约束和储能约束。

　　1) 实时机组约束

　　根据实时校正机组提供上调备用容量和下调备用容量的能力来判断二次备用容量是否充足,判据分别为

$$\sum_{i \in C_A}(P_{\max,i} - P_{A,i,t}) < \mu_1 \sum_{i \in C_A}(P_{\max,i} - P_{base,i}) \quad (7.40)$$

$$\sum_{i \in C_A}(P_{A,i,t} - P_{\min,i}) < \mu_2 \sum_{i \in C_A}(P_{base,i} - P_{\min,i}) \quad (7.41)$$

式中，C_A 为实时校正机组集合；$P_{A,i,t}$ 为实时校正机组 i 在时段 t 的当前有功出力；$P_{base,i}$ 为实时校正机组的基准功率，取 $P_{base,i}=(P_{max,i}+P_{min,i})/2$；$\mu_1$ 和 μ_2 为实时校正机组备用系数，可以由运行人员手动选择，也可以采用电池风险决策的方法得到。

当实时校正机组二次备用容量不足时，通过计划跟踪机组和实时校正机组的协调对系统二次备用容量进行增补。下一时段 t 实时校正机组出力 $P_{i,t}^A$ 为

$$\begin{cases} \sum\limits_{i\in C_A} P_{A,i,t}=\sum\limits_{i\in C_A} P_{A,i,t-1}, & \text{系统调节容量充足时} \\ \sum\limits_{i\in C_A} P_{A,i,t}=\mu_1\sum\limits_{i\in C_A}(P_{max,i}-P_{base,i}), & \text{系统上调容量不足时} \\ \sum\limits_{i\in C_A} P_{A,i,t}=\mu_2\sum\limits_{i\in C_A}(P_{base,i}-P_{min,i}), & \text{系统下调容量不足时} \end{cases} \quad (7.42)$$

2）计划跟踪机组约束

电力系统日前发电计划一般会综合考虑机组检修计划、经济运行要求、静态安全约束、备用容量约束等，因此需要将修正后的滚动发电计划和日前发电计划的差值控制在一定范围之内。因此，在计划跟踪机组的协调调度中需要考虑滚动发电计划和日前发电计划的协调，约束条件为

$$-\Delta\tilde{P}_{max,i,t}\leqslant P_{NA,i,t}-\tilde{P}_{NA,i,t}\leqslant\Delta\tilde{P}_{max,i,t} \quad (7.43)$$

式中，$P_{NA,i,t}$ 为修正后的滚动发电计划跟踪机组 i 在时段 t 的出力；$\tilde{P}_{NA,i,t}$ 为滚动发电计划跟踪机组 i 在时段 t 的日前出力；$\Delta\tilde{P}_{max,i,t}$ 为日前发电计划允许的最大偏差量。

3）储能约束

低谷时段全钒液流电池储能系统实际出力低于日前预测出力或高峰时段全钒液流电池储能系统实际出力高于日前预测出力对系统调峰是有力的。因此，通过协调约束式（7.43）对全钒液流电池储能系统高峰和低谷等特殊时段的充放电状态进行限制。

$$\begin{cases} P_{dis,\xi,t}+\Delta P_{dis,\xi,t}-P_{chr,\xi,t}\leqslant(1-\mu_{chr,\xi,t})P_{dis,\xi,max} \\ P_{chr,\xi,t}+\Delta P_{chr,\xi,t}-P_{dis,\xi,t}\leqslant(1-\mu_{dis,\xi,t})P_{chr,\xi,max} \end{cases} \quad (7.44)$$

式中，$P_{dis,\xi,t}$、$P_{chr,\xi,t}$ 为全钒液流电池储能系统在时段 t 的计划放电功率和计划充电功率；ξ 为全钒液流电池储能系统个数；$\mu_{dis,\xi,t}$、$\mu_{chr,\xi,t}$ 为日前计划中全钒液流电池储能系统在时段 t 的放电状态和充电状态；$\Delta P_{dis,\xi,t}$、$\Delta P_{chr,\xi,t}$ 为日内滚动中全钒液流电池储能系统增加的放电功率和充电功率。

在此约束条件下,低谷时段当电池出力高于预测值时,全钒液流电池储能系统可增加充电功率,否则全钒液流电池储能系统只能减少充电功率而不能放电;同样,在高峰时段,当电池出力高于预测值时,全钒液流电池储能系统只能减少放电功率而不能充电。

7.4.3　全钒液流电池储能系统与风力发电出力互补分析

风电大规模并入电网,给电力系统的发电不平衡和供电充裕性带来了挑战,为系统的安全稳定运行提出了新的挑战,大容量储能技术将电能转化为化学能、势能、电磁能和动能等形式进行存储,提供一种与风电出力相配合的功率控制手段,具有提高风电接入能力的潜力。近年来,储能技术的研究和发展非常迅速,各种类型的储能电站或示范工程相继并入电网。将大容量全钒液流电池储能系统与风电相结合,可以通过全钒液流电池储能系统的功率充放和能量平移来调节风电的发电能力,提高风电的可控能力和系统消纳能力。

在风电场侧配置全钒液流电池储能系统可以构建风储联合发电系统。风储联合发电系统的有功控制能力由风力发电机组的有功控制能力和储能系统的有功控制能力共同决定。由于新能源政策的导向,风力发电一般优先接入电网进行消纳,只有在风电出力过大而系统调节能力不足或影响到系统安全性、经济性目标的实现时才考虑弃风。因此,全钒液流电池储能系统在风储联合发电系统中的运行状态和有功控制能力与风电接入电网的实际运行工况密切相关。全钒液流电池储能系统能够对风电出力的随机波动特性进行有效互补和协调,提高风电场输出功率的运行品质。风电场侧配置的全钒液流电池储能系统的最佳控制效果是将不可调、不可预测的随机电源转变为可平稳运行、可灵活调度的确定性电源。

风储联合发电系统的互补协调主要体现在以下两个方面:

(1)平抑功率波动的互补协调。平抑功率波动是利用全钒液流电池储能系统的功率充放来尽可能平滑风电出力,是保证风储联合发电系统平稳运行的重要手段。风电出力的变化由自然因素决定,因此风电原始序列中必然包括大量高频波动分量,而严重的高频波动分量可能使并网点处的电能质量恶化,影响电力系统的安全稳定运行。因此,采用全钒液流电池储能系统对风电功率波动进行平抑,一方面提高了出力的运行品质,保证风电场出力满足并网要求;另一方面,风储联合发电系统的出力更为平稳,有利于系统侧对风储联合发电系统进行调度和控制。采用滑动平均法从风电场实际运行出力数据 P_t 中分离出风电功率波动分量 $P_{m,t}$：

$$\begin{cases} P_{c,t} = \dfrac{1}{N}\left[P_{t-(N/2-1)} + P_{t-(N/2-2)} + \cdots + P_t + \cdots + P_{t+N/2}\right] \\ P_{m,t} = P_t - P_{c,t} \end{cases} \quad (7.45)$$

式中，P_t 为实测的第 t 分钟风功率；$P_{c,t}$ 为风功率的持续分量；$P_{m,t}$ 为风功率分钟级波动分量；N 为滑动平均时段的长度。

以卧牛石风电场 2012 年的运行数据为例，风电功率波动分量（15min间隔）采样图如图 7.9 所示。可见，风电功率的时序波动分量是分布在 0 值附近的无规则序列。

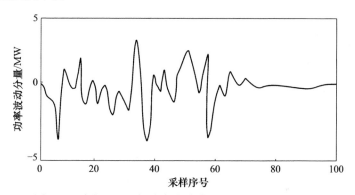

图 7.9　卧牛石风电场功率波动分量（15min 间隔）采样图

事实上，平抑风电场功率波动的目标是使风电场具有更好的输出品质，只需要在极端的风电爬坡场景中进行功率平抑，使其平滑稳定即可减轻系统的调节压力。

（2）发电计划跟踪应用场景的互补协调。发电计划跟踪是利用全钒液流电池储能系统充放电使风储联合发电系统的实际出力与预测曲线保持一致，是保证风储联合发电系统实现灵活调度的重要手段。在风电最大出力模式下，电力系统运行调度决策者将基于风电日前功率预测结果，确定系统内各发电电源的运行方式和日前发电计划。由于风电预测尚未达到令人满意的精度要求，当风电大规模接入电力系统中时，其出力的不确定性将对时序有功功率平衡产生影响。若风电实际出力与预测曲线偏差过大，系统需要具备足够的灵活调节能力来补偿功率偏差。

因此，需要在实时运行中利用全钒液流电池储能系统补偿风电功率的预测误差，使其满足预测误差要求，保证风电场能够按照预测曲线实施发电计划。这一方面要求全钒液流电池储能系统提供足够大的充放电功率以满足单时段补偿预测误差的需求,另一方面全钒液流电池储能系统还需要具有足够的储能容量,以满足持续充电或持续放电的需求。为补偿风电功率预测误差,实现发电计划跟踪,全钒液流电池储能系统需要提供的充放电功率 $P_{\xi,t}^{\mathrm{ESS}}$ 和运行能量状态 S_{ξ}^{ESS} 为

$$P_{\xi,t}^{\mathrm{ESS}} = P_{\mathrm{w},t}^{\mathrm{fcst}} - P_{\mathrm{w},t}^{\mathrm{real}} \tag{7.46}$$

$$S_{\xi}^{\mathrm{ESS}} = \begin{cases} \displaystyle\sum_{t \in T_x} \frac{P_{\xi,t}^{\mathrm{ESS}} \Delta t}{\eta_{\xi,\mathrm{dis}}}, & \forall\, t \in T_x, P_{\xi,t}^{\mathrm{ESS}} > 0 \\ \displaystyle -\sum_{t \in T_x} P_{\xi,t}^{\mathrm{ESS}} \Delta t\, \eta_{\xi,\mathrm{chr}}, & \forall\, t \in T_x, P_{\xi,t}^{\mathrm{ESS}} < 0 \end{cases} \tag{7.47}$$

式中,$P_{\mathrm{w},t}^{\mathrm{fcst}}$ 为风电场在时段 t 的计划出力或预测出力;$P_{\mathrm{w},t}^{\mathrm{real}}$ 为风电场在时段 t 的实际出力;$P_{\xi,t}^{\mathrm{ESS}}$ 为正时表示全钒液流电池储能系统的放电功率,$P_{\xi,t}^{\mathrm{ESS}}$ 为负时表示全钒液流电池储能系统的充电功率;T_x 为全钒液流电池储能系统充电状态或放电状态持续的时段数量;Δt 为时段长度;$\eta_{\xi,\mathrm{dis}}$ 和 $\eta_{\xi,\mathrm{chr}}$ 分别为全钒液流电池储能系统放电效率系数和充电效率系数;ξ 为全钒液流电池储能系统个数。

　　补偿预测误差、跟踪发电计划所需的储能系统功率需求和容量需求的统计分布如图 7.10 所示。根据风电场的实际运行情况和日前预测水平,规划者可以在一定的概率统计意义下确定相应的储能功率需求和容量配置需求。

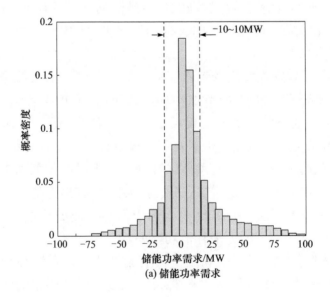

(a) 储能功率需求

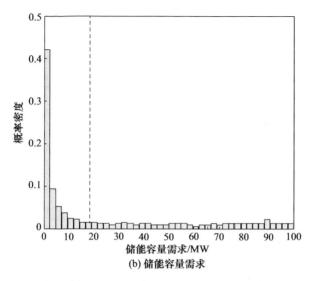

图 7.10   发电计划跟踪下的储能功率需求和容量需求的统计分布

从图 7.10 可以看出,风电场功率预测误差主要分布在 $-10 \sim 10$ MW,能量容量需求小于 20MW·h 的概率大于 90%。在弥补风电场功率预测误差、实现发电计划跟踪的场景下,可以选用功率容量 10MW、能量容量 20MW·h 的储能设备,以满足风电场运行需要。

7.4.4   小结

多源协调控制系统为储能系统实现电网削峰填谷、发电计划跟踪、调峰调频以及提高风电接纳能力等功能提供了技术手段。通过多源协调控制策略,协调常规机组与风电、储能等新能源实现对电网的调频、调峰、联络线控制、断面控制等功能,优化常规机组出力,在保证电网安全的前提下,使风电消纳最大。

在日前发电计划的基础上,基于超短期风电功率预测和超短期负荷预测信息对发电计划进行调整,优化风力发电机组和火电机组及水电机组之间的协调运行。

针对风电出力的随机波动特性,全钒液流电池储能系统可进行有效互补和协调,提高风电场输出功率的运行品质。风电场侧配置的储能系统的最佳控制效果是将不可调、不可预测的随机电源转变为可平稳运行、可灵活调度的确定性电源。

第8章 全钒液流电池储能系统效益分析与辅助服务机制

8.1 全钒液流电池储能系统效益分析及容量配置

不同容量的全钒液流电池储能系统可以对风电接纳容量的提高产生不同的作用。全钒液流电池储能系统的经济效益包括电量效益、环境效益和运行效益三类。

1) 电量效益 R

利用全钒液流电池储能系统抬高低谷负荷,使电网留出更多向下调节容量以接纳风电,定义由此带来的风力发电收益为全钒液流电池储能系统的电量效益。

对于时序风电出力曲线 $P_w(t)$, $f_{P_w}(t)$ 为 t 时刻电网多接纳的风电功率:

$$f_{P_w}(t) = \begin{cases} 0, & P_w(t) \leqslant P_w \\ P_w(t) - P_w, & P_w < P_w(t) \leqslant P_w + \Delta P_w \\ \Delta P_w, & P_w(t) > P_w + \Delta P_w \end{cases} \tag{8.1}$$

在全钒液流电池储能系统运行寿命周期 n 内,全钒液流电池储能系统"填谷"所带来的电网多接纳的风电电量 E_{P_w} 为

$$E_{P_w} = \sum_{k=1}^{365n} \int_{t_{l1k}}^{t_{l2k}} f_{P_w}(t) \mathrm{d}t \tag{8.2}$$

式中,t_{l1k}、t_{l2k} 为第 k 天负荷低谷时段起、止时间。

由式(8.1)和式(8.2)可知,负荷低谷时段电网多接纳的风电电量不仅与全钒液流电池储能系统提高的电网低谷时段风电接纳容量 P_w 有关,还与电网负荷低谷时段的大小以及风电出力曲线在此时段内的分布特性 $P_w(t)$ 有关。当 P_w 为定值且风电在负荷低谷时段有足够的可发功率时,负荷低谷时段电网多接纳的风电电量 E_{P_w} 将随着电网负荷低谷时段的增加而增大。

假设 C_w 为风电电价,则电量效益 R 为

$$R(E) = C_w E_{P_w} \tag{8.3}$$

2) 环境效益 T

本书将全钒液流电池储能系统的环境效益定义为全钒液流电池储能系统替代火电机组调峰所产生温室气体的减排效益和全钒液流电池储能系统运行寿命终结后所需支付的废电池回收处理费用之和,后者又包括废电池收集、分解处理所需的生产性支出和从废电池中提取金属材料所获得的回收收益。即

$$T(E) = C_f E_{P_w} + \left(\sum_{i=1}^{m} p_{metal,i} \eta_{metal,i} - p_{handle} \right) \eta_{energy} E \tag{8.4}$$

式中,C_f 为火电机组生产单位电能的环境投资,元/(MW·h);$p_{metal,i}$ 为金属 i 的价格,下标为该金属化学符号,元/t;$\eta_{metal,i}$ 为单位重量(t)全钒液流电池储能系统中金属 i 的含量,下标为该金属化学符号,t/(MW·h);η_{energy} 为全钒液流电池储能系统能重比,t/(MW·h);p_{handle} 为处理单位重量废电池所需生产性支出,元/t;T 为全钒液流电池储能系统的环境效益,元。

3) 运行效益 W

运行效益定义为在全钒液流电池储能系统"低储高发"运行模式下通过分时电价(负荷低谷电价低、负荷高峰电价高)而赚取的收益,即

$$W(E) = C_{dis} E \eta_{dis} - \frac{C_{chr} E}{\eta_{chr}} \tag{8.5}$$

式中,C_{chr}、C_{dis} 分别为电网低谷时段的电价与电网高峰时段的电价,元/(MW·h);E 为全钒液流电池储能系统配置容量,MW·h;η_{chr}、η_{dis} 为全钒液流电池储能系统充电效率和放电效率。

综合考虑全钒液流电池储能系统经济效益及投资成本,以全钒液流电池储能系统运行年限内的总收益最大为目标,构建了储能容量配置优化目标函数:

$$S(E) = \max\{R(E) + T(E) + W(E) - EQ\} \tag{8.6}$$

式中,S 为全钒液流电池储能系统的最大收益,元;E 为全钒液流电池储能系统最优配置容量,MW·h;Q 为全钒液流电池储能系统容量价格,元/(MW·h)。

全钒液流电池储能系统容量优化配置模型的最优容量配置受电网运行特性、电网负荷特性、全钒液流电池储能系统特性及能量时移运行效益、风电低谷出力特性、风电电量效益和环境效益等多种因素共同影响。当投资

成本和经济效益达到最佳的经济平衡点时,即为最优的全钒液流电池储能系统配置容量。

8.2　全钒液流电池储能系统调频服务效益分析

在全钒液流电池储能系统针对调频服务的容量配置和经济性评估方面,目前主要的容量配置及其优化方法有差额补充法、波动平抑分析法和经济性评估法等。面向电网调频,全钒液流电池储能系统容量配置主要基于实测信号和区域电网调频动态模型展开研究。从实测频率和调频信号出发,依前者确定全钒液流电池储能系统参与一次调频的动作深度,依后者中的高频/短时分量确定全钒液流电池储能系统参与二次调频的动作深度,再通过确定的动作深度计算全钒液流电池储能系统在运行周期内的能量值,以最大能量差作为配置的额定容量;从区域电网调频动态模型出发,依设定的调频评估指标要求确定所需电池储能功率和容量;此外,针对调频应用的经济性评估中常用的优化目标为全寿命周期成本最低或者净效益最高等。

8.2.1　全钒液流电池储能系统参与电网调频的成本计算模型

全寿命周期成本(life cycle cost,LCC)指的是在系统的整个寿命周期内,发生或可能发生的一切直接的、间接的、派生的或非派生的所有费用。基于全寿命周期成本理论和全钒液流电池储能系统参与电网调频的效益模型,构建其参与电网调频的成本计算模型。

全钒液流电池储能系统的成本主要包括投资成本和运行成本[53]。

1) 投资成本

全钒液流电池储能系统的投资成本一般包括初始投资成本和置换投资成本。初始投资成本指全钒液流电池储能系统工程投建初期一次性投入的固定资金,由全钒液流电池储能系统的额定功率 P_{rated} 所决定的功率成本和额定容量 E_{rated} 所决定的容量成本组成,占总成本的比例最大;功率成本通常与储能变流器(power conversion system,PCS)相关,容量成本则反映了全钒液流电池储能系统设备本体的价值。置换投资成本指在全钒液流电池储能系统运行期间,用以更换设备而支出的资金。全寿命周期内全钒液流电池储能系统投资成本的表达式为

$$C_{\text{inv}} = C_{\text{PCS}} P_{\text{rated}} + \sum_{k=0}^{n} C_{\text{bat}} E_{\text{rated}} (1+r)^{\frac{kT_{\text{LCC}}}{n+1}} \tag{8.7}$$

式中，C_{PCS} 为储能变流器的单位功率成本，元/MW；r 为折现率；T_{LCC} 为全寿命周期，一般取 20 年；C_{bat} 为单位容量成本，元/(MW·h)；n 为置换次数（共投入电池储能 $(n+1)$ 次），$n = \dfrac{T_{\text{LCC}}}{T_{\text{life}}}$，$T_{\text{life}}$ 为全钒液流电池储能系统的等效循环寿命。

2）运行成本

全钒液流电池储能系统的运行成本一般包括运行维护成本、报废处理成本及其他相关成本等。其中，运行维护成本指为保证全钒液流电池储能系统在使用年限内正常运行而动态投入的资金，通常包括由储能变流器决定的固定部分和由全钒液流电池储能系统充放电电量决定的可变部分；报废处理成本指全寿命周期内全钒液流电池储能系统设备报废后进行无害化处理及回收所产生的费用；其他相关成本指全钒液流电池储能系统由于没有完全满足供电需求而承受的缺电惩罚成本和因过剩生产电能而导致的弃电损失成本等。

运行维护成本的表达式为

$$C_{\text{O\&M}} = C_{\text{PO\&M}} W(\varepsilon) \frac{(1+r)^{T_{\text{LCC}}} - 1}{r(1+r)^{T_{\text{LCC}}}} + \sum_{\varepsilon=1}^{T_{\text{LCC}}} C_{\text{EO\&M}} W(\varepsilon) (1+r)^{-\varepsilon} \tag{8.8}$$

式中，$C_{\text{PO\&M}}$ 为单位功率运行维护成本，元/MW；$C_{\text{EO\&M}}$ 为单位容量运行维护成本，元/(MW·h)；$W(\varepsilon)$ 为全钒液流电池储能系统年充放电电量，MW·h；ε 为电池运行年数。

报废处理成本的表达式为

$$C_{\text{scr}} = C_{P_{\text{scr}}} P_{\text{rated}} (1+r)^{-T_{\text{LCC}}} + \sum_{j=1}^{n+1} C_{E_{\text{scr}}} E_{\text{rated}} (1+r)^{-\frac{jT_{\text{LCC}}}{n+1}} \tag{8.9}$$

式中，$C_{P_{\text{scr}}}$ 为单位功率报废处理成本，元/MW；$C_{E_{\text{scr}}}$ 为单位容量报废处理成本，元/(MW·h)。

缺电惩罚成本的表达式为

$$C_\beta = \sum_{\varepsilon=1}^{T_{\text{LCC}}} \beta E_{\text{lack}}(\varepsilon) (1+r)^{-\varepsilon} \tag{8.10}$$

式中，β 为缺电惩罚系数，元/(MW·h)；$E_{\text{lack}}(\varepsilon)$ 为年缺电量序列，MW·h。

弃电损失成本的表达式为

$$C_\alpha = \sum_{\varepsilon=1}^{T_{\text{LCC}}} \alpha E_{\text{loss}}(\varepsilon)(1+r)^{-\varepsilon} \tag{8.11}$$

式中,α 为弃电损失系数,元/(MW·h);$E_{\text{loss}}(\varepsilon)$ 为年弃电量序列,MW·h。

在全钒液流电池储能系统运行过程中,每批置换的储能电池额定容量值均为 E_{rated},则全寿命周期内投入的总容量为$(n+1)E_{\text{rated}}$,储能变流器在全寿命周期内不更换,并利用现值法将所有的成本折算为现值。基于前述成本分析,可得成本现值的表达式为

$$C_{\text{LCC}} = C_{\text{inv}} + C_{\text{O\&M}} + C_{\text{scr}} + C_\beta + C_\alpha \tag{8.12}$$

式(8.12)即为所需的全钒液流电池储能系统全寿命周期成本模型。

8.2.2　全钒液流电池储能系统参与电网调频的运行效益计算

全钒液流电池储能系统参与电网调频的固定效益的表达式为

$$R_{\text{revenue}} = P_{\text{capacity}} + P_{\text{energy}} \tag{8.13}$$

式中,P_{capacity} 为备用功率效益;P_{energy} 为实时电量效益。

P_{capacity} 和 P_{energy} 具体表达式为

$$\begin{cases} P_{\text{capacity}} = P_1 R_1 \\ P_{\text{energy}} = E_1 R_2 \end{cases} \tag{8.14}$$

式中,P_1 为全钒液流电池储能系统提供的调频备用功率(即功率服务供应量),MW;R_1 为对应的单位备用容量价格,元;E_1 为全钒液流电池储能系统提供的调频电量(即调频任务量),MW·h;R_2 为对应的实时上调电价与下调电价,元。

除固定效益外,全钒液流电池储能系统参与电网调频的效益还包含静态效益、动态效益和环境效益。

静态效益:全钒液流电池储能系统参与电网调频能改善传统电源的运行条件,使传统电源在运行过程中不必频繁增减出力或开停机组,从而保持高效稳定运行。因此,静态效益主要包括电网投资和固定运行节省的费用。

动态效益:全钒液流电池储能系统的快速响应和灵活运行使其在参与电网调频时比传统电源高效,可减少电网的旋转备用容量、区域控制误差校正所需的调控容量,可带来因所需传统电源调频容量减少而间接导致的成本降低等。

环境效益:引入清洁运行的全钒液流电池储能系统可在调频中明显减少常规燃料的消耗,从而达到温室气体减排的目的,同时可以提高风电等间

歇式清洁电源渗透率,相对减少了传统电源对环境造成的有害影响,能间接带来环境效益。

由于静态效益、动态效益和环境效益的计算比较复杂,本章的全钒液流电池储能系统调频效益由其固定效益 P_{profit} 等效代替。因此,通过现值法将全寿命周期内的效益折算到项目投资的初始时刻,则得到效益现值表达式为

$$N_{RES} = \sum_{t=1}^{T_{LCC}} \frac{R_\varepsilon}{(1+r)^t} \tag{8.15}$$

式中,R_ε 为年效益,通过将固定效益 $R_{\varepsilon,revenue}$ 折算到年得到(电池储能系统参与电网调频中一年以 300 天计)。

考虑全钒液流电池储能系统参与电网调频的成本与效益,得到净效益现值 P_{NET} 的表达式为

$$P_{NET} = N_{RES} - C_{LCC} \tag{8.16}$$

式(8.16)即为所需的电池经济评估模型。

由式(8.13)建立起全钒液流电池储能系统参与电网调频容量配置的经济性优化目标为

$$\max P_{NET} \tag{8.17}$$

需要注意的是,效益项需根据具体的应用情况进行取舍,从而建立起相适应的经济评估模型。此外,由于全钒液流电池储能系统的循环寿命技术指标是决定其置换投资成本的关键参量,在容量规划阶段需重点考虑。

8.3　全钒液流电池储能系统辅助服务定价策略

随着储能技术的快速发展和风电渗透率的持续增加,大规模储能装置参与电网调频成为必然趋势。面对高昂的储能成本,急需研究面向电网调频需求的储能容量优化配置,充分利用储能的调频能力,为制定经济有效的储能调频策略。

大规模随机波动的风电功率接入电网容易引起电网频率波动,进而增加电网调频负担,甚至容易破坏电网有功功率的供需平衡,危及电网运行安全,目前这些额外的运行调节成本仅由电网、其他发电机组承担。电池储能系统可实现能量的时空平移,被认为是可再生能源与电网整合的重要手段。随着技术的进步,电池储能系统成本逐步降低,越来越多的风储联合发电系

统陆续建成并联合运行(简称集群风储系统)。例如,张北风光储输示范工程首创风光储联合运行模式,对新能源开发利用起到示范和引领的作用;辽宁省卧牛石风电场全钒液流电池储能示范工程于 2013 年 5 月投运成功;此外,美国加利福尼亚州超级电容储能示范工程、美国明尼苏达州钠硫电池储能示范工程等,这些风储联合发电系统有效改善了风电场运行性能。全钒液流电池储能系统作为一种新兴技术,具备响应速度快、短时功率吞吐能力强的特点,是优质的电力系统灵活调节资源,当储能电站容量足够大时,还可以参与电力系统调峰,但由于储能成本相对昂贵,制约了其大规模应用,急需要相应辅助服务政策来促进储能系统在电力系统中调峰调频的应用。

全钒液流电池储能系统的已有研究主要集中在控制策略的优化方面,缺乏合理的辅助服务定价方法,因此尚未建立起相应的辅助服务补偿机制,制约了其效能发挥,同时制约了风电大规模接入。本节围绕储能电站参与电网调频,考虑了全钒液流电池储能系统的全寿命周期,构建调频控制策略,基于同步发电机一次调频特性,提供一种全钒液流电池储能系统参与电网调频的辅助服务定价方法,对加快参与电网调频辅助服务定价机制建设和提高大规模风电接入电网具有重要意义。

1. 全钒液流电池储能系统参与电网调频的辅助服务定价的确定

参与电网调频的全钒液流电池储能系统投资成本 C_{ESS} 为

$$C_{\text{ESS}} = \lambda_P P_{\text{rated}} + \lambda_E E_{\text{rated}} \qquad (8.18)$$

式中,C_{ESS} 为全钒液流电池储能系统的初始投资成本;λ_P 为全钒液流电池储能系统的功率成本;P_{rated} 为全钒液流电池储能系统的额定功率;λ_E 为全钒液流电池储能系统的容量成本;E_{rated} 为全钒液流电池储能系统的额定容量。

全钒液流电池储能系统参与电网调频主要受益来源于调频电量 W_{fr}:

$$I_{\text{fr}} = \lambda_{\text{fr}} W_{\text{fr}} \qquad (8.19)$$

$$W_{\text{fr}} = W_{\text{fr}^-} - W_{\text{fr}^+} \qquad (8.20)$$

式中,λ_{fr} 为调频电价;W_{fr} 为调频电量;W_{fr^-} 为负调频电量;W_{fr^+} 为正调频电量。

综合考虑经济效益及投资成本,以运行年限内的总收支平衡为基本目标,构建一种全钒液流电池储能系统收益目标函数 J:

$$J = -C_{ESS} + \frac{365\varepsilon}{D} I_{fr} \tag{8.21}$$

式中，D 为数据采样时间，天。

通过式(8.21)确定储能电站参与电网调频辅助服务定价，实现储能电站收支平衡。

本节的储能电站参与电网调频的辅助服务定价方法，通过同步发电机组一次调频特性容量的配置、储能系统的控制和储能电站参与电网调频的辅助服务定价的确定，既能实现容量配置最大化，又能降低储能投资成本，科学合理，适用性强，效果佳，能够通过合理配置储能容量，确保储能电站收支平衡。

2. 算例分析

采用辽宁省某风电场实测数据进行分析。该风电场装配 64 台 G58.850kW 双馈感应风力发电机组，风电场额定功率 $P_{NWF,rated} = 54.4MW$；此时全钒液流电池储能电站额定功率 $P_{rated} = 4.352MW$，取整为 5MW，单位调节功率 $K_{ESS} = 21.76MW/Hz$；根据电网调频时长（包含一、二次调频）约为 30min，因此全钒液流电池储能系统额定容量 $E_{rated} = 5MW \times 0.5h = 2.5MW \cdot h$；风电场实测频率数据采样周期为 1min，数据量为 525600 个，年频率数据示意图如图 8.1 所示。

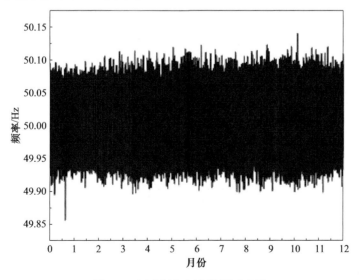

图 8.1　风力场年频率数据示意图

在上述算例环境下,应用本节方法对储能电站年调频电量及其参与调频辅助服务定价进行计算分析。

1) 储能电站调频电量

本节采用与同步发电机组一次调频"死区",设计储能电站动作参考值 $f_{1,\text{ref}}=0.05\,\text{Hz}$,$f_{2,\text{ref}}=-0.05\,\text{Hz}$,即当系统频率偏移超出额定频率 $0.05\,\text{Hz}$ 时,储能电站以单位调节功率 $K_{\text{ESS}}=21.76\,\text{MW}/\text{Hz}$ 参与电网调频。储能电站调频出力示意图如图 8.2 所示。

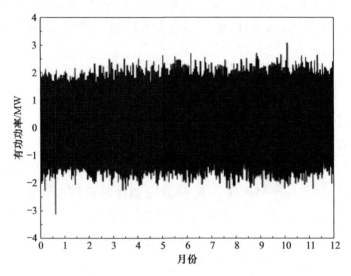

图 8.2　储能电站调频出力示意图

储能电站调频出力绝对值与时间的积分即为储能电站参与的调频电量,总调频电量为 $W_{z,\text{fr}}=2525.44\times10^3\,\text{kW}\cdot\text{h}$。

2) 储能电站参与电网调频辅助服务定价

针对储能电站参与电网调频辅助服务的定价旨在至少保证储能电站收支平衡,即式(8.21)中 J 约为 0。本节使用参数如表 8.1 所示。

表 8.1　目标函数各参数取值表

$\lambda_P/[元/(\text{kW}\cdot\text{h})]$	$\lambda_E/[元/(\text{kW}\cdot\text{h})]$	$P_{\text{rated}}/\text{kW}$	$E_{\text{ESS}}/(\text{kW}\cdot\text{h})$	$W_{z,\text{fr}}/(\text{kW}\cdot\text{h})$	使用寿命/年
1000	4800	5000	2500	2525.44×10^3	10

将表 8.1 中的参数代入式(8.18)~式(8.21),当调频辅助服务电价 $\lambda_{\text{fr}}=1.03$ 元/$(\text{kW}\cdot\text{h})$时,将保证储能电站收支平衡。

结合不同储能系统的经济及技术参数(见表 8.2),计算各储能系统的调频辅助服务电价,如表 8.3～表 8.6 所示。

表 8.2　不同储能系统的参数及综合效益

储能系统	容量单位成本/[元/(kW·h)]	使用寿命/(年/次)	转换效率 η/%
全钒液流电池	3500	15/15000	70
锂离子电池	4500	10/2000	93
飞轮储能	8600	20/—	81
超级电容	7800	—	95

表 8.3　锂离子电池储能系统成本及调频辅助服务定价

额定功率 P_{rated}/MW	额定容量 E_{rated}/(MW·h)	总投资成本 C_{ESS}/万元	调频电价 λ_{fr}/[元/(kW·h)]
20	10	6500	0.576
40	20	13000	0.668
60	30	19500	0.760
80	40	26000	0.799
100	50	32500	0.815

表 8.4　全钒液流电池储能系统成本及调频辅助服务定价

额定功率 P_{rated}/MW	额定容量 E_{rated}/(MW·h)	总投资成本 C_{ESS}/万元	调频电价 λ_{fr}/[元/(kW·h)]
20	10	5500	0.642
40	20	11000	0.666
60	30	16500	0.684
80	40	22000	0.698
100	50	27500	0.706

表 8.5　飞轮储能系统成本及调频辅助服务定价

额定功率 P_{rated}/MW	额定容量 E_{rated}/(MW·h)	总投资成本 C_{ESS}/万元	调频电价 λ_{fr}/[元/(kW·h)]
20	10	10600	1.367
40	20	21200	1.687
60	30	31800	2.103
80	40	42400	2.344
100	50	53000	2.615

表 8.6　超级电容储能系统成本及调频辅助服务定价

额定功率 P_{rated}/MW	额定容量 E_{rated}/(MW·h)	总投资成本 C_{ESS}/万元	调频电价 λ_{fr}/[元/(kW·h)]
1	0.5	490	0.563
2	1	980	0.678
3	1.5	1470	0.752
4	2	1960	0.787
5	2.5	2450	0.835

全钒液流电池储能系统是优质的电力系统灵活调节资源,合理量化其潜在效益(如调峰替代效益、发电容量效益、环境效益等),可以发现全钒液流电池储能系统虽然成本相对昂贵,但仍有其利用价值。

经计算分析,可以发现飞轮储能系统成本相对昂贵,超级电容储能系统受限于功率限制,综合效益最高的是全钒液流电池储能系统和锂离子电池储能系统,但考虑锂离子电池储能系统循环次数及寿命不如全钒液流电池储能系统,就目前来看,全钒液流电池储能系统的效益更高,调频辅助服务定价更低。

通过分析可得到如下结论:①电力市场化的推进有助于量化并实现储能的潜在收益和价值;②鼓励发电侧应用储能技术一方面可以提高收益,另一方面对推进清洁能源的发展具有重要意义;③储能技术和产业的发展仍需一定的补偿机制与激励政策。

8.4　全钒液流电池储能系统效益分析

全钒液流电池储能系统参与电网负荷削峰填谷,其经济效益包括直接效益和间接效益。全钒液流电池储能系统采取削峰填谷运营模式,通过电网用电高峰与用电低谷的电价差获取经济效益;间接效益主要包括容量替代效益、节煤效益、风电消纳效益以及电力系统备用、调频、调相等效益。

1) 容量效益分析

全钒液流电池储能系统是调节电网负荷峰谷差的有效措施。负荷高峰时段,它可以作为电源发电,担负电网尖峰容量。全钒液流电池储能系统有效担负电力系统的尖峰容量,将减少电网对火电机组或其他类型机组装机容量的需求,节约电源设备的投资和运行费用,由此产生的效益为容量效益。

2）节煤效益分析

全钒液流电池储能系统投入电网与火电机组联合运行，其削峰填谷作用将产生能量转换效益。全钒液流电池储能系统可替代火电机组参与调峰，使火电机组在均匀、稳定的负荷下高效率运行，改善火电机组运行条件，提高机组设备利用率，降低厂用电率和煤耗率。全钒液流电池储能系统投入运行后，一方面由于顶替火电机组调峰，将减少燃料消耗；同时全钒液流电池储能系统的两次能量转化过程有一定的能量损耗，会增加燃料消耗。合理的储能规模节省的煤耗和运行费用要大于能量损失所带来的消耗。

3）备用效益分析

为满足电力系统正常供电，需要留有一定的负荷备用容量和事故备用容量。负荷备用容量和大部分事故备用容量要求同时处于旋转运行状态，在负荷突发和事故发生时快速响应。根据辽宁电网实际情况，负荷备用容量多由水电机组承担，而事故备用容量多由火电机组承担。火电机组承担的旋转备用容量常分散于电力系统中若干机组上，即这些机组处于空转或压低出力运行状态，热效率较低，燃料消耗量增加，代价较高。全钒液流电池储能系统具有较快的响应速度，技术上能满足突发负荷变化和突发事故发生的要求，可承担电力系统的负荷备用容量和事故备用容量，提高供电可靠性。同时，用全钒液流电池储能系统作为负荷备用容量和事故备用容量，可以降低火电机组"热备用"的煤耗，提高设备的综合利用率。

4）调频效益分析

频率是衡量电能质量的重要指标之一。电力系统负荷波动和短时计划外负荷增减，均会导致电力系统频率的变化。全钒液流电池储能系统响应速度快、运行灵活，对负荷随机、瞬间变化可做出快速反应，具有良好的应对负荷突变能力。全钒液流电池储能系统投入系统运行，在频率超标时，能根据需要灵活切换运行状态，平衡负荷波动，稳定电力系统频率。全钒液流电池储能系统的调频功能将极大提高电力系统供电的可靠性与安全性。

5）调相效益分析

电压是衡量电能质量的重要指标之一。电力系统无功功率不足或过剩时，电网电压会下降或上升，影响供电质量，危及电力系统安全运行。全钒液流电池储能系统具有较充裕的无功调节能力，在充电或放电时可根据电力系统无功平衡和电压调节的需求，对电压进行有效调控，满足电网的运行需要。全钒液流电池储能系统的投运，将增加电力系统的调压手段，有助于稳定电网运行电压、保证电力系统电能质量,具有客观的经济效益;同时,充分利用全钒液流电池储能系统的无功调节能力,可以减少无功补偿设备的容量配置,节省电力系统的投资和运行费用。

6) 风电消纳效益分析

电力调度在安排发电机组时,要保证高峰负荷可靠供电,并留一定的负荷备用容量和事故备用容量;低谷时通过调峰压低出力保证电网供需平衡。电网接入大规模风电后,在负荷高峰时,即使风电出力较大,只需对其他机组压低出力,就可保证电网供需平衡;在负荷低谷时,若各风电出力较大,且此时其他机组都按调峰规定将出力压低到预定的最小值。若电网发电量仍供大于求,为保证电力系统安全稳定运行,应按调度指令限制部分风电出力。全钒液流电池储能系统的多种功能和灵活性能够弥补风电的间歇性,提高电力系统接纳风电的能力,有效减少弃风损失。

8.5　广域协调有功优化控制

8.5.1　广域协调有功优化控制的日前发电计划

含大规模全钒液流电池储能系统的电力系统日前发电计划需要考虑全钒液流电池储能系统削峰填谷效益和全钒液流电池储能系统消纳原则对机组启停计划运行经济性的影响,实现全钒液流电池储能系统的合理利用。

1) 优化目标

日前发电调度计划模型设定了多个决策目标,包括机组运行费用 f_1、启停费用 f_2 和 f_3、弃电池量 f_4 以及全钒液流电池储能系统联合调度的公平性 f_5。

在全钒液流电池储能联合发电系统中,为兼顾公平,全钒液流电池储能系统联合发电站之间的功率分配策略为:在低谷时段,备用储能系统应该提供较大的充电功率或弃电池功率;在高峰时段,备用储能系统应提供较大的放电功率。定义全钒液流电池储能系统联合发电系统在时段 t 的有功出力水平 $h_{w,t}$ 为全钒液流电池储能系统占总储能系统的比例,即

$$h_{\xi,t} = \frac{P_{\xi,t} + P_{\xi,t,\mathrm{dis}} - P_{\xi,t,\mathrm{chr}} - P_{\xi,t,\mathrm{curt}}}{P_{\xi,t}} \tag{8.22}$$

式中,$P_{\xi,t,\mathrm{chr}}$、$P_{\xi,t,\mathrm{dis}}$ 为全钒液流电池储能系统充电功率和放电功率;$P_{\xi,t}$ 为备用储能系统在 t 时刻的出力;$P_{\xi,t,\mathrm{curt}}$ 为备用储能系统弃电池功率。

为体现调度公平原则,优化目标 f_5 以各全钒液流电池储能系统联合发电站的出力水平趋同为优化目标,即

$$f_5 = \sum_{t=1}^{NT} \sum_{k=1}^{NW-1} (d_{\xi,t}^+ + d_{\xi,t}^-)$$

$$\begin{cases} h_{\xi,t} - h_{\xi+1,t} - d_{\xi,t}^+ + d_{\xi,t}^- = 0, & \forall \xi = 1,2,\cdots,NW-1 \\ d_{\xi,t}^+ \geqslant 0, & d_{\xi,t}^- \geqslant 0 \end{cases} \qquad (8.23)$$

式中,$d_{\xi,t}^+$、$d_{\xi,t}^-$ 为非负辅助变量。当全钒液流电池储能系统调节能力充足时,$d_{\xi,t}^+$ 和 $d_{\xi,t}^-$ 以及目标函数 f_5 的取值均为 0;当全钒液流电池储能系统调节能力不足时,$d_{\xi,t}^+$ 和 $d_{\xi,t}^-$ 可能大于 0。

2) 约束条件

日前发电调度计划模型的约束条件包括:

(1) 系统运行约束,包括功率平衡约束、系统备用容量约束、网络安全约束。

(2) 常规机组运行约束,包括机组出力约束、爬坡速率约束、最小运行时间约束和最小停机时间约束。

(3) 全钒液流电池储能系统运行约束,主要为弃电池储能功率约束。

(4) 全钒液流电池储能系统运行约束,包括储能充放电状态约束、充放电功率约束、容量约束、全钒液流电池储能系统调度周期始末状态和充放电次数约束。其中,充放电次数约束的表达式较为复杂,采用式(8.24)的线性约束表示。

$$\begin{cases} 0 \leqslant x_{\xi,t,\text{dis}} \leqslant 1, & 0 \leqslant x_{\xi,t,\text{chr}} \leqslant 1 \\ x_{\xi,t,\text{dis}} \geqslant u_{\xi,t,\text{dis}} - u_{\xi,t-1,\text{dis}}, & x_{\xi,t,\text{chr}} \geqslant u_{\xi,t,\text{chr}} - u_{\xi,t-1,\text{chr}} \\ \sum_{t=1}^{NT} x_{\xi,t,\text{dis}} \leqslant k_1, & \sum_{t=1}^{NT} x_{\xi,t,\text{chr}} \leqslant k_2 \end{cases} \qquad (8.24)$$

式中,$u_{\xi,t,\text{chr}}$ 和 $u_{\xi,t,\text{dis}}$ 为表示全钒液流电池储能系统充放电状态的 0-1 变量;$x_{\xi,t,\text{chr}}$ 和 $x_{\xi,t,\text{dis}}$ 分别表示全钒液流电池储能系统开始进入充电状态和放电状态的 0-1 变量,当全钒液流电池储能系统在时段 t 开始放电时,$x_{\xi,t,\text{dis}}=1$,否则 $x_{\xi,t,\text{dis}}=0$;当全钒液流电池储能系统在时段 t 开始充电时,$x_{\xi,t,\text{chr}}=1$,否则 $x_{\xi,t,\text{chr}}=0$;k_1 和 k_2 分别表示全钒液流电池储能系统在未来一个调度周期(24h)内最大允许的放电次数和充电次数。

与常规机组组合相比,主要区别是增加了全钒液流电池储能系统运行约束。一方面,全钒液流电池储能系统的充放电状态为 0-1 变量,将增加模

型的离散变量个数；另一方面，由于全钒液流电池储能系统的荷电状态与各时段的出力有关，从而增强了各阶段变量之间的关联关系，同时约束条件个数也大大增加，导致模型的求解难度明显增大。

8.5.2　广域协调有功优化控制的日内协调调度

在日前发电计划的基础上，基于超短期电池功率预测和超短期负荷预测信息对发电计划进行调整。与已有的电网日前滚动发电计划优化模型相比，本节提出了适用于全钒液流电池储能联合发电系统的日内滚动发电计划模型，具有以下特点：

（1）考虑"三公"调度的要求，将滚动发电计划扩展为多目标决策问题，优化目标综合考虑了全钒液流电池储能系统消纳能力、运行经济性、可靠性和调度的公平性，通过分层解耦协调实现多目标决策。

（2）将全钒液流电池储能系统纳入电力系统滚动发电计划环节进行考虑，综合考虑了日前发电计划的约束和实时校正环节的调节需求，并实现了全钒液流电池储能系统联合发电站、计划跟踪机组、实时校正机组的综合协调调度。

（3）决策变量中除了常规机组有功出力、全钒液流电池储能系统充放电功率、备用储能系统弃电池功率以外，还增加了负荷节点的切负荷功率，以便考虑系统供电可靠性。

1）优化目标

考虑分布式全钒液流电池储能系统在线经济调度是多目标决策问题，优化目标包括系统经济性、可靠性以及调度公平性指标。经济性目标为常规机组运行费用 f_1 及弃电池量 f_4 的总和，可靠性指标 f_6 用前瞻时间窗口内系统的切负荷电量总和表示，即

$$f_6 = \sum_{t=1}^{NT} \sum_{j=1}^{NJ} (D_{j,t}^{\text{curt}} \Delta t) \tag{8.25}$$

式中，$D_{j,t}^{\text{curt}}$ 为负荷节点 j 在时段 t 的切负荷功率；NT 为总的调度周期；NJ 为负荷节点数量。

全钒液流电池储能系统联合发电站调度公平性指标采用备用储能系统日前预测误差未达到全钒液流电池储能系统并网标准的惩罚电量表示，即

$$f_6 = \sum_{t=1}^{NT} \sum_{\xi=1}^{NJ} (\delta_{\xi,t} P_{\xi,t}^{\text{punish}} \Delta t) \tag{8.26}$$

式中, $\delta_{\xi,t}$ 表示备用储能系统类型的 0-1 变量, 若备用储能系统为受控备用储能系统(集合 W_{CO}), 则 $\delta_{\xi,t}=1$, 否则 $\delta_{\xi,t}=0$ 。采用计及备用储能系统出力互补性的全钒液流电池储能系统协调策略, 惩罚功率 $P_{\xi,t}^{\mathrm{punish}}$ 取受控备用储能系统实际提供的充放电功率和调节任务之间的差值。受控备用储能系统的选择策略及调节任务的分配如表 8.7 所示。

表 8.7　受控备用储能系统及其调节任务

条件	需提供上调备用容量	需提供下调备用
受控备用储能系统选择	$\{\xi\in W \mid \Delta P_{\xi,t}<0\}$	$\{\xi\in W \mid \Delta P_{\xi,t}>0\}$
本地调节任务	$\min\{-\Delta P_{\xi,t}-\lambda P_{\xi}^{\mathrm{cap}},0\}$	$\min\{\Delta P_{\xi,t}-\lambda P_{\xi}^{\mathrm{cap}},0\}$
备用储能系统调节任务	$-\dfrac{\Delta P_{\xi,t}}{\displaystyle\sum_{\xi\in W_{CO}}\Delta P_{\xi,t}}\displaystyle\sum_{\xi\in W}\Delta P_{\xi,t}$	$\dfrac{\Delta P_{\xi,t}}{\displaystyle\sum_{\xi\in W_{CO}}\Delta P_{\xi,t}}\displaystyle\sum_{\xi\in W}\Delta P_{\xi,t}$
调节任务	$\min\{P_{\xi,t,\mathrm{dis}}^{\mathrm{req1}},P_{\xi,t,\mathrm{dis}}^{\mathrm{req2}}\}$	$\min\{P_{\xi,t,\mathrm{chr}}^{\mathrm{req1}},P_{\xi,t,\mathrm{chr}}^{\mathrm{req2}}\}$

注: $\Delta P_{\xi,t}$ 为超短期功率预测与日前功率预测的差值, P_{ξ}^{cap} 为备用储能系统的容量, λ 为并网标准允许的功率预测误差占电池装机容量的百分比。上标 req1 表示本地预测误差要求的调节任务, 上标 req2 表示备用储能系统整体预测误差要求的调节任务。

　　备用储能系统的调节任务根据预测偏差进行分配, 综合多个全钒液流电池储能系统联合发电站进行广域协调调度, 可以补偿全钒液流电池储能系统预测误差, 减少常规机组的调节负担。假设某时段 t , 若全钒液流电池储能系统出力偏差总和大于 0, 系统调度的顺序为:

　　(1) 选定预测偏差 $\Delta P_{\xi,t}>0$ 的备用储能系统作为受控备用储能系统(集合 W_{CO}), 由其全钒液流电池储能系统优先提供充电功率。

　　(2) 选择预测偏差 $\Delta P_{\xi,t}<0$ 的备用储能系统作为协调备用储能系统(集合 W_{AS}), 在其全钒液流电池储能系统调节能力富余的情况下, 以辅助服务的形式提供充电功率。

　　(3) 当全钒液流电池储能系统充电功率不足以补偿预测误差时, 剩余预测偏差功率由常规机组承担。

　　2) 约束条件

　　滚动发电计划一方面要考虑日前发电计划的约束, 另一方面要为实时调度计划环节预留足够的二次备用容量以跟踪系统净负荷的波动。因此，在常规机组中选取响应速度快的机组作为校正机组，其他调节能力较弱的机组作为计划跟踪机组。考虑全钒液流电池储能系统与常规机组多种调节手段，计划跟踪机组、实时校正机组、备用储能系统、全钒液流电池储能系统之间的协调关系及调度优先级如图 8.3 所示。

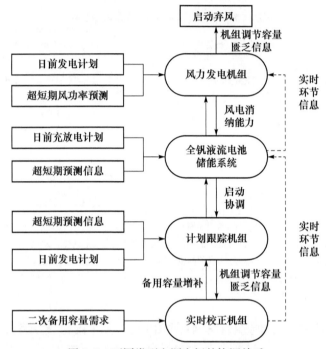

图 8.3　不同类型电源之间的协调关系

在图 8.3 中，优先级顺序为：全钒液流电池储能系统受清洁能源政策保护优先调度，只有在系统调节手段无法满足需求时才限制备用储能系统出力；计划跟踪机组按照经济运行的要求执行日内滚动发电计划；全钒液流电池储能系统主要参与滚动计划环节的协调以跟踪全钒液流电池储能系统联合发电站日前计划，只在必要时辅助实时校正机组进行调节；实时校正机组按照实测电池功率和负荷功率对超短期预测偏差进行补偿。

3）全钒液流电池储能系统实时调度计划的协调策略

对于时段 t 中的任意时刻 τ，如果实时校正机组调节容量充足，则由实时校正机组提供备用容量进行调整以满足系统有功平衡；当实时校正机组调节容量不足而全钒液流电池储能系统具备辅助调节能力时，启动全钒液流电池储能系统与实时校正机组的协调策略，利用全钒液流电池储能系统辅助参与调节,保证全钒液流电池储能联合发电系统有功平衡,如图 8.4 所示。

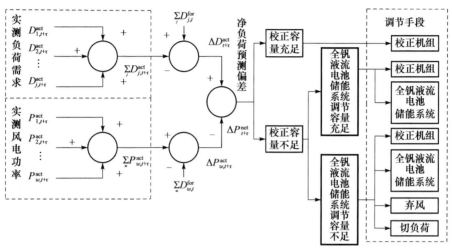

图 8.4 全钒液流电池储能联合发电系统实时协调调度策略

当实时校正机组调节容量不足时,全钒液流电池储能系统与实时校正机组均参与调节。优化目标为全钒液流电池储能系统整体调节代价最小,包括校正机组调整代价、全钒液流电池储能系统参与紧急控制的代价以及备用储能系统弃电池的代价或切负荷的惩罚量。

$$\min\Big\{\sum_{k\in C_A} C_k\,|\,\Delta P_{k,t+\tau}^A\,| + M_1\sum_{\xi\in C_{wF}}(\Delta P_{\xi,t+\tau,\mathrm{dis}} + \Delta P_{\xi,t+\tau,\mathrm{chr}})$$
$$+ M_2\big(\sum_{\xi\in C_{wF}}\Delta P_{\xi,t+\tau,\mathrm{curt}} + \Delta D_{\xi,t+\tau,\mathrm{curt}}\big)\Big\} \tag{8.27}$$

式中,C_k 为实时校正机组的调整费用;$\Delta P_{k,t+\tau}^A$ 为实时校正机组的功率调节量;$\Delta P_{\xi,t+\tau,\mathrm{curt}}$、$\Delta D_{\xi,t+\tau,\mathrm{curt}}$ 分别为实时调度环节的弃电池功率和切负荷功率;$\Delta P_{\xi,t+\tau,\mathrm{dis}}$、$\Delta P_{\xi,t+\tau,\mathrm{chr}}$ 为全钒液流电池储能系统参与实时调度环节紧急控制所提供的放电功率和充电功率;M_1 和 M_2 为取值较大的惩罚系数,且满足 $M_1 < M_2$,以保证全钒液流电池储能系统仅在系统调节能力受限的时候才提供必要的协助,在系统调节能力受限的情况下才弃电池或者切负荷。

实时调度计划的约束条件包括功率平衡约束、实时校正机组调节容量约束、全钒液流电池储能系统运行约束,以及全钒液流电池储能系统充放电状态约束、充放电功率约束和全钒液流电池储能系统容量约束。

8.5.3 小结

将有限容量的全钒液流电池储能系统纳入电网调度体系中,实现全钒液流电池储能系统和常规机组在空间维度和时间维度的广域协调,可最大限度地发挥全钒液流电池储能系统的杠杆作用。提出的储能广域协调调度体系具有以下特点:

(1) 将全钒液流电池储能系统纳入机组组合模型,提出了全钒液流电池储能联合发电系统日前发电计划多目标决策模型,设计了全钒液流电池储能系统出力最大、经济运行和成本控制三种适合于全钒液流电池储能联合发电系统的日前发电计划模式以及相应的两阶段优化算法,更为准确地刻画出全钒液流电池储能联合发电系统运行经济性和全钒液流电池储能系统消纳能力之间的关系,显著提高了模型的计算效率。

(2) 基于电池功率超短期预测信息,提出多手段协调的日内滚动发电计划策略。协调计划跟踪机组、实时校正机组为全钒液流电池储能联合发电系统提供二次备用容量及紧急控制,充分利用全钒液流电池储能系统互补特性和多个全钒液流电池储能系统的互济能力实现广域协调调度,有效提高了全钒液流电池储能系统接纳能力,保证了全钒液流电池储能系统的运行安全。

结合优化模型及仿真结果可知,将全钒液流电池储能系统纳入系统级广域优化调度系统后,其作用体现在以下两个方面:

(1) 与常规机组协调。在日前计划的时间尺度,全钒液流电池储能系统协助常规机组进行削峰填谷,可有效减少常规机组的频繁启停;在日内调度尺度,当常规机组调节速度或调节容量不能满足二次备用或紧急控制的需求时,全钒液流电池储能系统可提供临时性的支援。对全钒液流电池储能系统和常规机组等不同类型的调度手段进行协调优化,可充分发挥各自的优势,最大限度地提高电网的全钒液流电池储能系统消纳能力。

(2) 多个全钒液流电池储能系统间的广域协调。当储能参与系统级调度时,可利用电池场的广域分布及空间平滑特性,显著降低对储能调节容量的需求。本章提出的调度模型既充分利用了电池互补特性,又兼顾了储能的调度公平性。

本章提出的全钒液流电池储能系统广域协调优化方法从系统级调度层面解决全钒液流电池储能系统的有功调度问题,可有效提高电网的电池消纳能力和系统运行的经济性,为大容量储能的有效利用提供了科学依据。

第9章　全钒液流电池储能系统工程设计及示范

9.1　大连液流电池储能调峰电站工程设计

大连液流电池储能调峰电站建设的主要目的是满足大连电网调峰需求、提高电网供电可靠性。南部地区是大连的政治、经济中心和重要的军事设施所在地,是大连的最核心地带,是大连外贸、商业、航运、金融、旅游、科技中心,其绝大部分负荷属于重要负荷,对供电可靠性和供电电能质量要求很高。因此,大连液流电池储能调峰电站选址在大连南部地区建设。

本工程位于辽宁省大连市北海热电站西侧,工程建设 200MW/800MW·h 全钒液流电池储能系统,分 8 个储能单元,布置在两个储能车间内,每个储能车间的全钒液流电池容量为 100MW。大连液流电池储能调峰电站工程效果图如图 9.1 所示。

图 9.1　大连液流电池储能调峰电站工程效果图

大连液流电池储能调峰电站利用北海热电厂扩建预留场地,其接网方案与北海热电厂共同考虑。考虑到大连市区南部电网安全隐患,大连液流电池储能调峰电站接入雁水地区的供电系统更为适宜,结合周边电网发展规划,拟定接入系统方案如下:大连液流电池储能调峰电站通过

220kV 电压等级接入系统,从提高电网可靠性的角度,将北海热电厂全部 200MW 机组与大连液流电池储能调峰电站所发的电打捆通过 2 回 220kV 线路送出,线路采用电缆,截面暂按 $1 \times 1600 \mathrm{mm}^2$ 考虑,线路长度约为 $2 \times 5 \mathrm{km}$。

9.1.1　大连液流电池储能调峰电站工程平面规划设计

1. 工程组成

大连液流电池储能调峰电站工程主要由储能车间、变电站组成,如表 9.1 所示[54]。

表 9.1　大连液流电池储能调峰电站主要建筑物一览表[54]

序号	建筑物名称	建筑面积/m²	层数	结构形式	占地面积/m²	备注
1	储能车间	3000	3	排架、框架	57.8×49.8	10 座
2	变电站	3000	3	排架	45×25	—

大连液流电池储能调峰电站工程为大型规模化建设项目,因为其生产装置占地面积较大,所以为总平面布置的核心。其布置原则为:

(1) 充分利用公司现有及新增场地,布置尽量紧凑,以节约场地。

(2) 生产工艺流程合理化、管线短捷、运输方便、人流和物流分开以保证安全。

(3) 严格按照国家现行的防火、防爆、防震、运输、卫生等规范要求执行建设。

在新增场地内计划建设两个储能车间,其新增场地面积为 $11165 \mathrm{m}^2$。厂区内的建筑物与相邻设施、装置内部的防火间距和消防通道的设施满足防火、防爆、卫生、安全等有关规定的要求,各建筑物之间的距离满足工艺要求。

2. 工程平面布置

在本工程总图布置中,储能车间分别位于厂区的西部、北部和东部,且西部的储能车间建设在河道外侧的独立区域;变电站则位于厂区的南部。平面布置的主要技术经济指标如表 9.2[55] 所示。

表 9.2　平面布置的主要技术经济指标[55]

序号	名称	单位	数量
1	征用土地面积	m²	57697
2	总建筑面积	m²	92393
3	建筑物用地面积	m²	31211
4	绿化面积	m²	10430
5	道路及广场面积	m²	16056
6	围墙长度	m	1341
7	容积率	—	1.60
8	建筑系数	%	54.09
9	绿地率	%	18.08

注:主要技术经济指标中计算容积率时,层高大于 8m 按两层计算。

9.1.2　大连液流电池储能调峰电站的电气系统设计

1. 电气系统设计

大连液流电池储能调峰电站为 220kV 全钒液流电池储能电站,全钒液流电池储能系统为 200MW/800MW·h,同时建设 220kV/35kV 变电站,远期共 4 回 220kV 线路接入电网。

1)变电站电气主接线

大连液流电池储能调峰电站新建一台电压等级为 220kV/35kV、容量为 200MV·A 的主变压器。220kV 电气主接线采用双母线接线形式。本期建设共 2 回出线,预留 2 回出线,主变压器进线共 1 回。

35kV 电气主接线采用扩大单元接线形式,每段母线有 5 回全钒液流电池进线,1 回无功补偿进线,1 回母线 PT 及消谐装置,1 回小电阻接地装置,1 回主变进线,其中 1 段母线接有 1 回站用变压器回路。220kV 主变中性点采用直接接地和间接接地方式。35kV 采用小电阻接地方式。

2)全钒液流电池接线

全钒液流电池储能系统由全钒液流电池组、电池管理系统(BMS)、储能变流器、升压变压器及储能电站监控系统等设备组成。

大连液流电池储能调峰电站建设的 200MW/800MW·h 全钒液流电池组,共分为 10 个全钒液流电池储能单元,每个全钒液流电池储能单元容量为 20MW/80MW·h,依据单体电池特性及储能变流器的 500kW 模块化设计,针对单个 500kW 储能变流器模块,采用 8 串 2 并的 31.5kW 全钒液流电池接线方案,接至 500kW 储能变流器。两台 500kW 储能变流器接入 1 台 1000kV·A 低压侧双分裂 35kV 变压器,每 20 台 1000kV·A 变压器并联为 20MW 全钒液流电池储能单元,经 1 回 35kV 集电线路接入变电站 35kV 母线。

3）自用电

变电站站内用电低压系统采用单母线接线方式。设置两台互为备用的 500kV·A 低压站用变压器,站用变压器高压侧引自 35kV 配电装置,备用电源引自 10kV 市电。

储能车间用电采用就地取电方式,在每座储能车间的两台储能箱式变压器低压侧各配置 1 面 380V 配电柜,为储能车间内负荷供电(包括照明、暖通、检修等)。储能系统自用电由储能供应商整体考虑。

4）主要电气设备

（1）主要设备及导体。

① 全钒液流电池。

大连液流电池储能调峰电站有 6400 只单体 31.5kW 全钒液流电池,1600 套钒液罐。

② 主变压器。

大连液流电池储能调峰电站主变压器选用三相、两线圈、低损耗、低噪声、有载调压风冷变压器。技术参数如下：额定容量为 200MV·A;额定电压 203kV/35kV;接线组别为 YN,d11;阻抗电压为 13.5%。

③ 220kV 配电装置。

220kV 配电装置如表 9.3 所示。

表 9.3　220kV 配电装置

序号	名称	规格	单位	数量
1	主变间隔 GIS	—	组	1
1.1	断路器 QF	3150A　50kA　125kA	套	1
1.2	电流互感器 TA	800～1600/1A 5P30/5P30/5P30/5P30/5P30/0.5/0.2S	只	3
1.3	隔离开关 QS	3150A　50kA　125kA	只	9
1.4	接地开关 QSE	—	只	9
1.5	避雷器 F	204/532	只	3

续表

序号	名称	规格	单位	数量
1.6	套管	—	只	3
1.7	带点显示装置	—	套	1
2	出线间隔 GIS	—	组	2
2.1	断路器 QF	3150A　50kA　125kA	套	1
2.1	电流互感器 TA	800～1600/1A 5P30/5P30/5P30/5P30/5P30/0.5/0.2S	只	3
2.2	隔离开关 QS	3150A　50kA　125kA	只	9
2.3	接地开关 QSE	—	只	9
2.4	避雷器 F	204/532	只	3
2.5	电压互感器 A 相	—	只	1
2.6	套管	—	只	3
2.7	带点显示装置	—	套	1
3	母联间隔 GIS	—	组	1
3.1	断路器 QF	3150A　50kA　125kA	套	1
3.1	电流互感器 TA	800～1600/1A 5P30/5P30/5P30/5P30/5P30/0.5/0.2S	只	3
3.2	隔离开关 QS	3150A　50kA　125kA	只	9
3.3	接地开关 QSE	—	只	6
4	母线 PT 间隔 GIS	—	组	1
4.1	隔离开关 QS	3150A　50kA　125kA	只	3
4.2	接地开关 QSE	—	只	6
4.3	电压互感器	$\frac{220}{\sqrt{3}}/\frac{0.1}{\sqrt{3}}/\frac{0.1}{\sqrt{3}}/\frac{0.1}{\sqrt{3}}/0.1kV$ 0.2/0.5/3P/3P 50/50/75/75V·A	只	3
5	主母线	—	米	30

④ 35kV 配电装置。

35kV 高压开关柜：型号 KYN-40.5；真空断路器 40.5kV，31.5kA；额定电压 35kV；额定电流 1250～2500A；额定短路开断电流 31.5kA（有效值）；额定短路关合电流 80kA（峰值）。

箱式变压器:低压侧双分裂干式变压器——额定容量 1000kV・A,额定电压 35kV/0.38kV/0.38kV,连接组别 Dy11y11,短路阻抗 6%;箱式变压器低压侧框架断路器——额定电压 380V,额定电流 1600A,额定短路开断电流 50kA,额定短路关合电流 125kA(峰值)。

无功补偿装置:根据《国家电网公司电力系统无功补偿配置技术原则》,大连液流电池储能调峰电站推荐选用 SVG 静止无功发生器,补偿容量初步定为±15Mvar。最终无功补偿方式及容量按接入系统报告及审查意见要求为准。

35kV 电阻接地补偿装置:大连液流电池储能调峰电站按每段 35kV 母线配置一套小电阻接地装置考虑,低电阻接地的系统为获得快速选择性继电保护所需的足够电流,一般采用接地故障电流为 100~1000A,单相接地电流值选取为 200A,接地变压器容量选取为 500kV・A。

⑤ 低压场用配电装置。

35kV 干式变压器:容量为 500kV・A,电压为 35kV/0.4kV。

10kV 干式变压器(备用变压器):容量为 500kV・A,电压为 10kV/0.4kV。

GCS-1 抽屉式低压开关柜:选用国产优质断路器,其中电源侧为智能型框架断路器;额定短路开断电流为 31.5kA(有效值)。

⑥ 导体与电力电缆选择。

各电压等级母线的载流量按最大穿越功率选择,按发热条件校验;各级电压设备间连线按回路通过最大电流选择,按发热条件校验。

2. 电气系统布置

1) 变电站配电装置布置

变电站配电装置均布置在变电站室内。主变压器与 35kV 开关柜布置在室内一层,层高 1.2m。电子设备间、站用变压器及配电屏均布置在室内一层。220kV 配电装置采用室内 GIS 组合电器布置方式,共计 7 个间隔,间隔宽 2.07m,布置在室内二层,层高 11.2m。35kV 无功补偿装置布置在室内二层。

2) 全钒液流电池储能系统布置

全钒液流电池储能系统布置在储能车间内,全站共有 10 个全钒液流电池储能车间,每个储能车间的电池容量为 20MW。储能车间一层层高为 10m,布置钒液罐;二层层高为 6m,布置全钒液流电池组;三层层高为 10m,

布置储能变流器及 35kV 箱式变压器。

3）电缆设施布置及防火措施

变电站一层设置电缆隧道及电缆沟,储能车间设置电缆竖井。全站室外电缆敷设以穿管为主。电缆进入各建筑物,开关柜、配电盘及控制屏的底部电缆孔洞采用防火隔板、防火包或无机防火堵料和电缆防火涂料进行组合封堵。电缆采用阻燃电缆,其中消防负荷电源电缆采用耐火电缆。

4）电池能量管理系统

采集储能电站信息和电网调度指令,通过相应的控制策略控制全钒液流电池工作在波动平抑控制、调峰、调频以及跟踪计划出力等工作模式,达到相应的控制目标。电池能量管理系统将提供权限管理、参数监测及显示、参数设置功能。系统结构描述如下:

（1）提供界面显示的功能,为操作人员提供操作交互界面。

（2）根据电网运行状态,能够对储能变流器的充放电功率、电压、电流、频率进行设置。

（3）对储能变流器的有功(无功)功率、电压、电流、频率、工作状态(启动、停止、故障、待机)等信息进行采集并显示。

（4）能够对储能电池的电压、电流、荷电状态、容量、报警信息进行采集,并实时显示。

（5）提供用户管理和权限管理,规定操作员对各种业务活动的使用范围、操作权限等。

（6）报表管理与打印功能。

（7）提供储能电站的工作模式等其他参数配置接口。

（8）提供帮助文档。

本系统拟定储能电站可工作于四种模式:波动平抑控制模式、调峰模式、调频模式和跟踪计划出力模式。

9.1.3 大连液流电池储能调峰电站的辅助系统设计

1. 防雷接地及绝缘配合

1）大连液流电池储能调峰电站防雷保护

根据《建筑物防雷设计规范》(GB 50057—2010)中的建筑物防雷分类,对站区各个建筑物采取接闪网防雷措施。在 220kV 出线处加装 1 组氧化锌避雷器来保护配电装置。主变压器 220kV 侧设一组氧化锌避雷器,以减少雷电侵入波过电压的危害,保护主变压器。主变压器中性点装设金属氧化物避雷器及放电间隙。在 35kV 开关柜内采用过电压保护装置。

2）全所接地保护

依据《交流电气装置的接地》(DL/T 621—1997),升压站主接地网采用以扁钢水平接地体为主,由水平接地体和垂直接地体共同构成方格形复合接地网,接地材料满足热稳定要求,水平接地体为网络状,兼做均压带,水平接地体选用 50mm×5mm 的热镀锌扁钢,垂直接地体选用直径 25mm 的热镀锌圆钢。

升压站内所有电气设备与主接地网可靠连接。所有电缆托架的布置在电气上是连续的,储能车间与变电站等建筑物均按规定实施接地保护。

2. 全钒液流电池监控系统

1）全钒液流电池监控的基本功能

监控系统的基本功能有测量监视功能、数据处理功能、分析统计功能、操作控制功能、事件报警功能、保护管理功能、人机接口功能、事故追忆及历史反演功能、历史数据管理功能、系统维护功能。

2）全钒液流电池监控的高级应用功能

（1）削峰填谷功能。

（2）一次和二次调频功能:一次调频主要针对变化周期在 10s 以内、变化幅度较小的负荷分量,对系统频率的小范围偏差进行快速调节,用于平抑发电出力和负荷之间的瞬时差值。

（3）静态与动态无功控制:二次调频主要针对变化周期在 10s 到数分钟的负荷分类以及变化缓慢的持续变动负荷分量进行控制,需在上述一次调频基础上增加 AGC 二次调频的功能。

（4）系统热备用（孤岛运行功能）:电池储能系统用于作为系统的事故备用以防止低频减载,事故备用要求能在系统主力电源出现缺口时,在 3～5s 内提供有效出力,它比普通的旋转备用要求有更快的响应。全钒液流电池储能系统可以提供这样的事故备用容量,减小主力机组故障时的负荷丢失。

全钒液流电池监控系统效果图如图 9.2 所示。

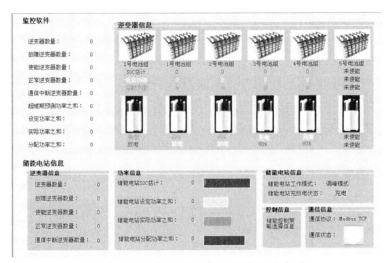

图 9.2　全钒液流电池监控系统效果图(部分)

9.1.4　小结

储能技术是未来能源结构转变和电力生产消费方式变革的战略性支撑技术,在电力系统中具有广阔的应用前景,可涵盖发电、输电、配电和用电各个环节。其主要应用体现在四个方面:一是可解决新能源发电的随机性和波动性问题;二是可承担电力系统的负荷备用容量和事故备用容量;三是可实现电网负荷的削峰填谷;四是可提高供电可靠性和电能质量。

目前,辽宁省水电、抽水蓄能等调峰电源所占比例为 7.0%,大连电网中水电等调峰电源比例更低,仅占 0.1%。由于地处高寒地区,调峰能力差的集中供热机组比例呈逐年增加趋势,受冬季供热和厂房保温等因素影响,电网调峰问题越来越突出。大连液流电池储能调峰电站具有削峰填谷的双重功效,是不可多得的调峰电源。

建成后的大连液流电池储能调峰电站可以有效缓解辽宁电网尤其是大连电网调峰压力。与风电相比,大连液流电池储能调峰电站的快速响应和灵活性能够弥补风电的不连续性和间歇性,大幅提升电网对风电的接纳能力。不仅如此,大连液流电池储能调峰电站可为重要负荷提供不间断供电,并作为区域火电机组黑启动的辅助电源。同时,由于大连液流电池储能调峰电站跟踪负荷变化的能力强,可充分发挥削峰填谷双倍解决系统峰谷差的运行特性,降低火电调峰率,有效改善火电机组的运行条件,延长机组使用寿命,减少燃料消耗,有效提高电网调峰能力。

9.2　卧牛石风电场储能示范工程

全钒液流电池储能系统与风电联合运行示范工程建设在辽宁省卧牛石风电场,场址位于辽宁省法库县卧牛石乡附近。该地点距沈阳市中心距离85km,风电场区域面积约24km²,场址所处位置地形地貌属低缓丘陵区,平均海拔在120m左右。储能电站建于风电场升压站东侧,采用全户内布置方式,占地面积2000余平方米。卧牛石风电场储能示范工程的实景图如图9.3所示。

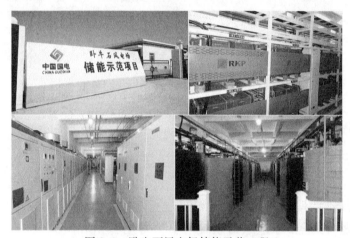

图9.3　卧牛石风电场储能示范工程

全钒液流电池储能系统设计容量必然需要满足多种应用模式的要求。卧牛石风电场(装机容量为49.5MW)配置的功率容量为5MW、充/放电时间为2h、容量为10MW·h全钒液流电池储能系统基本可以满足平抑功率波动的要求,亦能用于其他功能和用途的设计。

全钒液流电池储能技术因其具有安全性高、充放电循环寿命长、功率容量可独立设计、充放电状态可精确监测、容量可恢复、充放电生命周期内环境负荷低等特点,是配套可再生能源发展的大规模储能技术的首选。

9.2.1　储能电站的系统方案设计

1. 储能电站的系统方案

卧牛石风电场装机容量为49.5MW,风电场以1回66kV线路(龙康—卧牛石线)接入220kV龙康变电站。卧牛石风电场的一次系统接线如图9.4所示。基于全钒液流电池储能技术建设的示范工程的基本参数如表9.4所示。

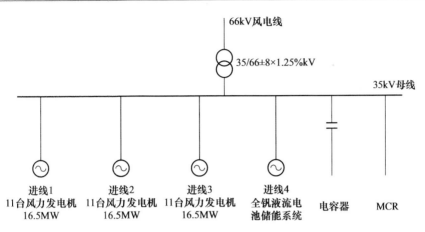

图 9.4　卧牛石风电场一次系统接线

表 9.4　储能电站的基本参数

参数	指标	参数	指标
额定功率	5MW	单元模块数量	15 个
最大功率	7.5MW	直流侧电压	400~620V
容量	10MW·h	并网点电压	35kV

额定容量为 5MW/10MW·h 的储能电站共包含 5 套 1MW×2h 全钒液流电池储能系统,布局结构如图 9.5 所示。储能电站内部的单个 352kW/700kW·h 全钒液流电池单元,由 2 个 176kW/350kW·h 全钒液流电池模块串联组成。每 3 个 352kW/700kW·h 全钒液流电池单元系统组成一套 1MW×2h 全钒液流电池储能系统。

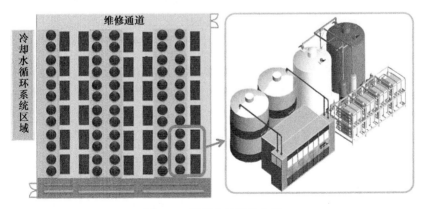

图 9.5　储能电站设备布局

2. 储能电站的模块化组成方案

1MW×2h全钒液流电池储能系统由3个352kW×2h全钒液流电池单元并联连接、统一控制,单个352kW/700kW•h全钒液流电池单元由2个176kW/350kW•h全钒液流电池模块组成,通过一个储能逆变器接入电网。组成方案如图9.6所示。

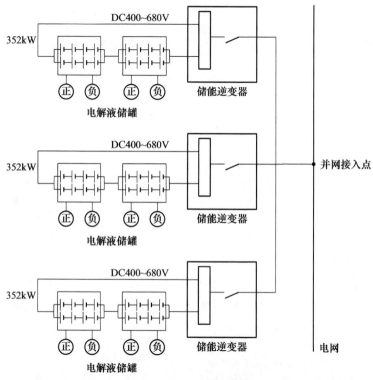

图9.6　全钒液流电池储能系统组成方案

352kW/700kW•h全钒液流电池单元系统由电池模块、电解液储罐、换热器、电控柜、循环泵、管道以及电池模块支撑架组成,如图9.7所示。单个176kW×2h全钒液流电池储能系统包括1个正极电解液储罐、1个负极电解液储罐、8个电池模块(每个电池模块的功率为22kW,8个电池模块4串2并),每个176kW×2h全钒液流电池储能系统在液体管路上各自独立,在电路上实现耦合连接。

模块化的设计和组成方案使得储能电站可以分别基于1MW、2MW、5MW输出功率方案进行运行控制,运行方式灵活多变。

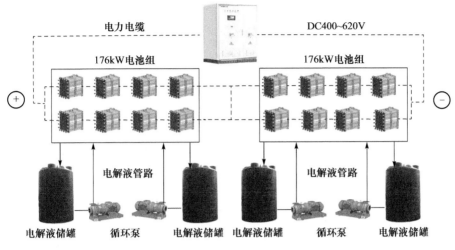

图 9.7　352kW×2h 全钒液流电池单元模块

3. 储能电站的通信网络系统

全站采用 100M 光纤以太网作为通信网络，采用星型网络结构，实现对风电场、全钒液流电池储能系统的实时数据采集，通过 PLC400 通信网络汇总到就地监控平台，实现全场信息的智能监控。同时通过光纤通道将示范工程本地数据上传至国网辽宁电力调度控制中心。另外，将人工控制指令或国网辽宁电力调度控制中心下发指令传送至风电场和储能电站控制系统，实现本地控制或远程控制功能。风电场、电池管理系统、本地监控系统以及远程监控系统的通信网络拓扑如图 9.8 所示。

4. 储能电站的监控系统

全钒液流电池储能系统-风电联合运行示范工程监控系统从电池管理系统、逆变器系统以及风电场出口处获取数据，包括电池充放电状态、电流、有功功率、无功功率，风电场有功功率、无功功率等电气运行数据，以及变压器、变流器电池组的开关状态、温度、压力等设备状态，通过友好的人机界面显示，方便用户及时掌握系统的整体信息。系统具备远程控制功能，可控制各全钒液流电池储能单元启/停，控制全钒液流电池充电/放电，设置全钒液流电池、储能逆变器的主要工作参数，也可以接受调度指令对系统中每个全钒液流电池和储能逆变器进行单独功能控制。

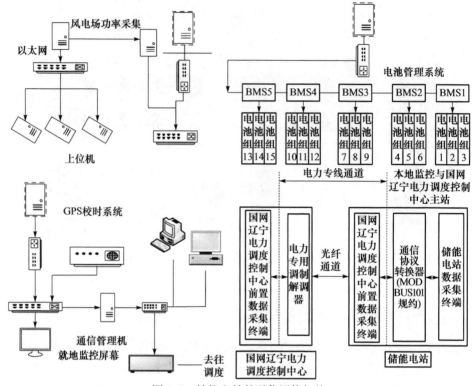

图 9.8　储能电站的通信网络拓扑

　　储能电站的监控系统可直观向电站运行人员提供充放电功率、能量状态、充放电量预测结果,以便电站的运行操作人员根据数据提示合理选择储能电站的运行方式和控制策略,以免出现过充电和过放电现象。同时,可以读取并显示储能电站的累积运行情况和风电场内部主要支路的输送功率情况。

9.2.2　储能电站的功能分析

　　卧牛石风电场储能示范工程具备削峰填谷、计划跟踪、平抑风电波动、参与电网调频、提高风电接纳能力等功能,运行人员可根据系统调节需求选择全钒液流电池储能系统的不同控制模式,下面针对储能电站的不同功能分别进行介绍。

1. 削峰填谷

　　冬季辽宁电网供热机组的比例超过 70%,系统调峰能力不足。全钒液流电池储能系统可根据电网的调峰要求,在负荷低谷时期充电、高峰时期放电,从而减小等效负荷曲线的峰谷差,协助电网进行削峰填谷调峰,增加低谷时段风电的接纳空间。图9.9为卧牛石全钒液流电池储能系统在削峰填谷模式下的充放电功率曲线,其中储能功率小于0时为充电,大于0时为放电。

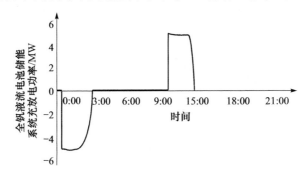

图9.9　全钒液流电池储能系统在削峰填谷模式下的充放电功率曲线

从卧牛石全钒液流电池储能系统的容量看,5MW/10MW·h的全钒液流电池储能系统最大可为电网提供10MW的调峰容量。卧牛石储能电站所提供的调峰容量可等同25MW的常规火电机组提供的调峰容量。全钒液流电池储能系统参与电网削峰填谷,可减少常规火电机组的启停调峰或深度调峰,同时也可增加电网在低谷时段的风电接纳能力。若对储能电站实行峰谷电价机制,储能电站则可利用电价差赚取利润。

2. 计划跟踪

计划跟踪模式是利用全钒液流电池储能系统充放电使风储联合发电系统的实际出力与发电计划保持一致,从而可提高风电的可控性,减少电网的备用容量。从运行情况看,加入全钒液流电池储能系统之后,风电并网功率可以较好地跟踪上级调度指令。

3. 平抑风电波动

风电的波动性将会恶化本地电压质量,增加系统频率波动。依据《风电场接入电力系统技术规定》(GB/T 19963—2011),装机容量为30~150MW的风电场1min有功功率变化最大值应小于装机容量的1/10,10min有功功率变化最大值应小于装机容量的1/3。采用全钒液流电池储能系统对风电场的输出功率进行平滑控制,可减小风电功率的波动性,改善其并网特性。

4. 参与电网调频

卧牛石全钒液流电池储能系统响应速度为百毫秒～秒级,因此可参与电网 AGC 二次调频。电网中火电机组 AGC 响应时间为 40～60s,水电机组 AGC 响应时间约为 12s,卧牛石风电场所配置全钒液流电池储能系统的 AGC 响应时间远小于常规水电机组和火电机组,具有良好的频率响应功能。通过全钒液流电池储能系统与常规调频机组的调速器、常规自动发电控制系统有效结合,可参与电网的一、二次调频,维持系统频率在标准范围之内。

在辽宁电网智能调度技术支持系统中建立了多源协调的 AGC 系统,如图 9.10 所示。将全钒液流电池储能系统接入 AGC 系统中,可根据储能电站的运行状态以及常规 AGC 机组的调节性能对调频指令进行优化,并通过远程控制通道对全钒液流电池储能系统直接下发 AGC 指令。主站对全钒液流电池储能系统 AGC 功能的监视界面如图 9.11 所示。

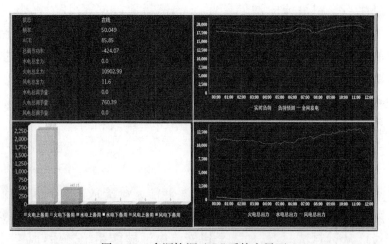

图 9.10　多源协调 AGC 系统主界面

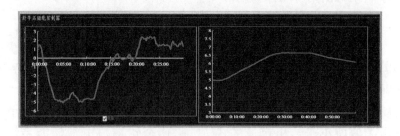

图 9.11　全钒液流电池储能系统 AGC 功能监视界面

5. 提高风电接纳能力

卧牛石风电场储能示范工程对风电接纳能力的提高主要体现在两个方面：①利用全钒液流电池储能系统直接吸收弃风电量；②利用全钒液流电池储能系统优化电网运行方式。

1) 利用全钒液流电池储能系统直接吸收弃风电量

当系统常规机组的下调空间不足或线路潮流过载时，可利用全钒液流电池储能系统的存储能力将弃风电量进行时间平移，从而减少弃风电量、增加风电场上网电量，缓解龙康风电场外送线路的输电瓶颈，提高整个龙康风电场的上网电量。

调峰限电多集中于负荷低谷时期，限电时间较长；而网架限电则与集群风电的总出力有关，由于集群风电的空间平滑效益，集群出力大于送出通道的持续时间较短。全钒液流电池储能系统的循环寿命可达到 15000 次，兼顾两种不同的弃风模式，可充分利用全钒液流电池储能系统的循环充放电容量，最大限度地提高风电上网电量。

2) 利用全钒液流电池储能系统优化电网运行方式

全钒液流电池储能系统参与电网机组组合，可为电网提供削峰填谷及快速备用服务。虽然储能的容量较小，但可在电网高峰及低谷的时段提供短时支援，从而优化常规机组的运行方式，以全钒液流电池储能系统的有限容量换取不受容量限制的常规机组出力空间，从而增加风电接纳空间，充分发挥全钒液流电池储能系统的杠杆作用。目前辽宁电网智能调度技术支持系统已将风电场预测信息以及全钒液流电池储能系统纳入日前发电计划中，实现了火电机组、风力发电机组和全钒液流电池储能系统的统一协调优化，通过充分挖掘各种调节手段的潜力，最大限度地提高全网的风电接纳能力。

9.2.3　小结

卧牛石风电场储能示范工程的储能电站容量规模达到 5MW×2h，是国家电网范围内容量第二大的储能电站。示范工程突破了全钒液流电池关键技术，掌握了液流电池材料批量生产、模块设计制造、系统集成控制的完整自主知识产权体系，代表了企业科技进步和自主创新水平，对全钒液流电池储能技术的快速发展也起到了推进作用。同时，示范工程积累了重要的储能电站运行经验，培养了相关技术研究人员和运行人员，对大规模储能电站的进一步推广应用具有重要的借鉴和参考意义。

　　卧牛石风电场储能示范工程投运后,有效提高了龙康风电场群的接纳能力。在示范工程的基础上,辽宁电网智能调度技术支持系统通过 AGC 协调控制策略,协调常规机组与风电、全钒液流电池储能系统等新能源实现对电网的调频、调峰、联络线控制、断面控制等功能,优化常规机组出力。在保证电网安全的前提下,使电网接纳风电最大化,提高电网运行的经济性,为发展和充分利用间歇式能源及储能电站提供技术支持。该示范工程也首次实现了省调端对储能电站、风电场和常规火力发电厂的统一协调控制。

参 考 文 献

[1] 李欣然,邓涛,黄际元,等. 储能电池参与电网快速调频的自适应控制策略. 高电压技术,2017,43(7):2362-2369.

[2] 国家能源局权威发布 2017 年风电并网运行统计数据. http://news.bjx.com.cn/html/20180201/878416.shtml[2018-02-19].

[3] 方彤,王乾坤,周原冰. 电池储能技术在电力系统中的应用评价及发展建议. 能源技术经济,2011,23(11):32-36.

[4] 董全峰,张华民,金明钢,等. 液流电池研究进展. 电化学,2005,11(3):237-243.

[5] 张华民,张宇,刘宗浩,等. 液流储能电池技术研究进展. 化学进展,2009,21(11):2333-2340.

[6] Wang J, Yang J, Nuli Y, et al. Room temperature Na/S batteries with sulfur composite cathode materials. Electrochemistry Communications, 2007,9(1):31-34.

[7] Ryu H, Kim T, Kim K, et al. Discharge reaction mechanism of room-temperature sodium-sulfur battery with tetra ethylene glycol dimethyl ether liquid electrolyte. Journal of Power Sources, 2011,196(11):5186-5190.

[8] 葛善海,周汉涛,衣宝廉,等. 多硫化钠-溴储能电池组. 电源技术,2004,28(6):373-375.

[9] 唐重樾,严敢,高存博,等. 温度对全钒液流电池性能的影响. 电子元件与材料,2015,(9):62-66.

[10] 刘新天,何耀,曾国建,等. 考虑温度影响的锂电池功率状态估计. 电工技术学报,2016,31(13):155-163.

[11] 肖水波,刘乐,席靖宇. 全钒液流电池的温度特性研究//第一届全国储能科学与技术大会,上海,2014:2.

[12] 李雪亮,吴奎华,冯亮,等. 电动汽车动力电池与风电协同利用的优化调度策略研究. 电子测量与仪器学报,2017,31(4):501-509.

[13] 姚航,任晓明,那伟,等. 车用动力电池组管理系统检测设备的设计研究. 电源技术,2017,41(10):1464-1466.

[14] 王海滨,陈豪,董建明,等. 锂电池储能单元运行状态评估技术研究. 华北电力技术,2016,(3):8-17.

[15] 王承民,孙伟卿,衣涛,等. 智能电网中储能技术应用规划及其效益评估方法综述. 中国电机工程学报,2013,33(7):33-41.

[16] 严晓辉,徐玉杰,纪律,等. 我国大规模储能技术发展预测及分析. 中国电力,2013,46(8):22-29.

[17] 李琼慧,王彩霞,张静,等.适用于电网的先进大容量储能技术发展路线图.储能科学与技术,2017,6(1):141-146.

[18] 王海滨,陈豪,董建明,等.锂电池储能单元运行状态评估技术研究.华北电力技术,2016(3):8-17.

[19] 丛晶,宋坤,鲁海威,等.新能源电力系统中的储能技术研究综述.电工电能新技术,2014,33(3):53-59.

[20] 李嘉琛,韩肖清,刘毅敏.可调度光伏电站中混合储能容量的优化配置.电源技术,2016,40(2):392-396.

[21] 田武,刘莉,孙峰,等.全钒液流电池仿真建模及充放电特性研究.东北电力技术,2015,36(7):9-11.

[22] 陈梅,洪涛,李鑫.全钒液流电池建模及充放电双闭环控制.电源技术,2017,41(1):61-63.

[23] 迟永宁,张占奎,李琰,等.大规模风电并网技术问题及标准发展.华北电力技术,2017,(3):1-7.

[24] 廖斯达,宋士强,张剑波,等.液流电池理论与技术——全钒液流电池的数值模拟分析.储能科学与技术,2014,3(4):395-405.

[25] 朱顺泉,陈金庆,王保国.电解液流动方式对全钒液流电池性能的影响.电池,2007,37(3):217-219.

[26] 孙红,喻明富,王瑞宙,等.全钒液流电池充放电特性及其影响因素试验.沈阳建筑大学学报(自然科学版),2015(6):1099-1105.

[27] 宁阳天,李相俊,董德华,等.储能系统平抑风光发电出力波动的研究方法综述.供用电,2017,34(4):2-11.

[28] 章竹耀,郭晓丽,张新松,等.储能电池平抑风功率波动策略.电力系统保护与控制,2017,45(3):62-68.

[29] 李国杰,唐志伟,聂宏展,等.钒液流储能电池建模及其平抑风电波动研究.电力系统保护与控制,2010,38(22):115-119.

[30] 张浩.储能系统用于配电网削峰填谷的经济性评估方法研究[硕士学位论文].北京.华北电力大学,2014.

[31] 余涛,韦曼芳,陈家荣.暂态能量函数法在地区电网黑启动辅助决策中的应用.电力系统自动化,2006,(13):73-78.

[32] 中华人民共和国电力行业标准.交流电气装置的过电压保护和绝缘配合(DL/T 620—1997).北京:中国电力出版社,1997.

[33] 顾鑫,惠晶.风力发电机组控制系统的研究分析.华东电力,2007,(2):64-68.

[34] 辛业春,王朝斌,李国庆,等.模块化多电平换流器子模块电容电压平衡改进控制方法.电网技术,2014,38(5):1291-1296.

[35] 郝文涛,刘二伟,任永杰,等.配电网静止同步补偿器控制策略研究.电力电子技术,2014,48(10):74-76.

[36] 吕学勤,吴辰宁.含分布式电源的配电网潮流计算改进方法研究.电力系统保护与控制,

2012,40(21):48-51.

[37] 李相俊,王上行,惠东. 电池储能系统运行控制与应用方法综述及展望. 电网技术,2017, 41(10):3315-3325.

[38] 王成山,孙充勃,彭克,等. 微电网交直流混合潮流算法研究. 中国电机工程学报,2013,33 (4):8-15.

[39] 来小康,闫涛,刘志波,等. 主动配电网中储能变流器控制策略综述. 电器与能效管理技 术,2016,(14):15-21.

[40] 杜文娟,卜思齐,王海风. 考虑并网风电随机波动的电力系统小干扰概率稳定性分析. 中 国电机工程学报,2011,31(s1):7-11.

[41] 刘洋,唐跃进,石晶,等. 100kJ/50kW 高温超导磁储能系统在微电网中的应用. 储能科学 与技术,2015,4(3):319-326.

[42] 王舒娅,苏建徽,杨向真,等. 微电网小扰动稳定性研究综述. 电气工程学报,2016,11(7): 39-45.

[43] 王皓怀,汤涌,侯俊贤,等. 提高互联电网暂态稳定性的大规模电池储能系统并网控制策 略及应用. 电网技术,2013,37(2):327-333.

[44] 李相俊,张晶琼,何宇婷,等. 基于自适应动态规划的储能系统优化控制方法. 电网技术, 2016,40(5):1355-1362.

[45] 李秀磊,耿光飞,季玉琦,等. 含分布式电源的配电网中电池储能系统运行策略. 电力自动 化设备,2017,37(11):59-65.

[46] 孙玉树,唐西胜,孙晓哲,等. 风电波动平抑的储能容量配置方法研究. 中国电机工程学 报,2017,37(s1):88-97.

[47] 谢应昭,卢继平. 含风储混合系统的多目标机组组合优化模型及求解. 电力自动化设备, 2015,35(3):18-26.

[48] 黄亚唯,李欣然,黄际元,等. 电池储能电源参与 AGC 的控制方式分析. 电力系统及其自 动化学报,2017,29(3):83-89.

[49] 石涛,张斌,晁勤,等. 兼顾平抑风电波动和补偿预测误差的混合储能容量经济配比与优 化控制. 电网技术,2016,40(2):477-483.

[50] 汪海蛟,江全元. 应用于平抑风电功率波动的储能系统控制与配置综述. 电力系统自动 化,2014,38(19):126-135.

[51] 王彩霞,李琼慧,雷雪姣. 储能对大比例可再生能源接入电网的调频价值分析. 中国电力, 2016,49(10):148-152.

[52] 黄际元,李欣然,常敏,等. 考虑储能电池参与一次调频技术经济模型的容量配置方法. 电 工技术学报,2017,32(21):112-121.

[53] 贾鹏飞,李卫国,高兴军,等. 平抑风电功率波动的电池储能系统模糊控制方法. 现代电 力,2014,31(3):7-11.

[54] 雷蕾. 大连融科储能中标全球最大规模液流电池应用示范工程. 钢铁钒钛,2012,33(5):88.

[55] 由浩宇. 大连液流电池储能调峰电站总平面布置. 吉林电力,2018,46(2):29-31.